**Symposium**

# Beherrschung von Rissen in Beton

Herausgeber:
Prof. Dr.-Ing. Harald S. Müller
Dipl.-Wirt.-Ing. Ulrich Nolting
Dr.-Ing. Michael Haist

## Symposium

# Beherrschung von Rissen in Beton

7. Symposium Baustoffe und Bauwerkserhaltung
Karlsruher Institut für Technologie (KIT), 23. März 2010

**mit Beiträgen von:**
Dr.-Ing. Diethelm Bosold
Prof. Dr.-Ing. Rolf Breitenbücher
Dr.-Ing. Frank Fingerloos
Prof. Dr.-Ing. Claus Flohrer
Dr.-Ing. Martin Günter
Dr.-Ing. Michael Haist
Prof. Dr.-Ing. Viktor Mechtcherine
Prof. Dr.-Ing. Harald S. Müller
Dr.-Ing. Lutz Nietner
Dr.-Ing. Cornelius Ruckenbrod
Prof. Dr.-Ing. Jürgen Schnell
Dipl.-Ing. Bou-Young Youn

**Veranstalter:**
Karlsruher Institut für Technologie (KIT)
Institut für Massivbau und Baustofftechnologie
76128 Karlsruhe

VDB – Verband Deutscher Betoningenieure e. V.
Regionalgruppen 9 und 10

BetonMarketing Süd GmbH
Gerhard-Koch-Straße 2+4
73760 Ostfildern

**Hinweis der Herausgeber**
Für den Inhalt namentlich gekennzeichneter Beiträge ist die jeweilige Autorin bzw. der jeweilige Autor verantwortlich.

**Bildnachweis**
Druck- und Medienhaus, PHG Augsburg, © Guido Erbring

**Impressum**
Karlsruher Institut für Technologie (KIT)
KIT Scientific Publishing
Straße am Forum 2
D-76131 Karlsruhe
www.uvka.de

KIT Scientific Publishing 2010
Print on Demand

ISBN 978-3-86644-487-4

# Vorwort

„Beton muss reißen, damit er richtig trägt". Diese einfache Grundregel, die Bauingenieur-Studenten bereits in der ersten Vorlesung zum Thema Stahlbeton lernen, beschreibt vereinfacht das geniale Wirkprinzip des Werkstoffs Stahlbeton. Erst durch Risse im Beton übernimmt die in den Beton eingebettete Stahlbewehrung einen großen Anteil der im Bauteil wirkenden Zugkräfte, während der Beton selbst die ebenfalls wirkenden Druckkräfte abträgt. Trotz ihrer Notwendigkeit stellen Risse jedoch gleichzeitig auch eine Gefahr für das Bauwerk dar, da sie dessen Dauerhaftigkeit und Ästhetik stark beeinträchtigen können. Die zulässige Rissbreite wird daher durch die einschlägigen technischen Regeln beschränkt. Dennoch treten in der Praxis regelmäßig Schäden auf, die auf eine Rissbildung zurückzuführen sind. Thema des 7. Symposiums Baustoffe und Bauwerkserhaltung ist daher die Beherrschung von Rissen im Beton.

Im vorliegenden Tagungsband zum 7. Symposium Baustoffe und Bauwerkserhaltung geben namhafte Autoren einen umfassenden Überblick über die Ursache von Rissen im Beton sowie über Methoden, wie Risse vermieden bzw. eine Rissbildung beherrscht werden kann.

Im Themenblock Ursachen und Vermeidung werden zunächst die wesentlichen physikalischen Mechanismen der Rissbildung im Beton erläutert. Hierzu gehören neben statischen Einflüssen insbesondere durch Temperatur- und Feuchteänderungen ausgelöste Risse. Wie die genannten Einflussgrößen im Rahmen der Bemessung zu berücksichtigen und somit Risse zu vermeiden sind, wird durch ausgewählte Referenten dargelegt. Der zweite Themenblock beschäftigt sich mit der Bewertung und Instandsetzung von Rissen. Hierbei wird in den einzelnen Beiträgen die Vorgehensweise bei der Begutachtung und der anschließenden Risikobewertung eines vorhandenen Rissbilds erläutert. Insbesondere wird der Frage nachgegangen, wann eine Instandsetzung aus technischer bzw. architektonischer Sicht angezeigt ist und welche Methoden hierfür zur Verfügung stehen.

Die Veranstalter

# Inhalt

# Rissursachen und betontechnologische Möglichkeiten der Rissbeherrschung

Harald S. Müller und Michael Haist


## Zusammenfassung

Der vorliegende Aufsatz gibt einen kurzen Überblick über die Ursachen von Rissen in Betonbauteilen und die betontechnologischen Möglichkeiten der Rissbeherrschung. Der Schwerpunkt der Ausführungen liegt zunächst auf der Darstellung der Mechanismen der Rissbildung im Beton. Darauf aufbauend werden die maßgeblichen Einflussgrößen erläutert und mögliche betontechnologische Maßnahmen beschrieben, mit denen eine Rissbildung vermieden bzw. minimiert werden kann. Abschließend wird kurz auf die Selbstheilung von Rissen im Beton eingegangen. Für detaillierte Informationen zu verschiedenen Themen wird auf einzelne Beiträge des vorliegenden Tagungsbands bzw. auf die weiterführende Literatur verwiesen.


## 1 Einführung

Risse in Beton- und Stahlbetonbauteilen sind grundsätzlich ambivalent zu sehen. Während sie teilweise als Mangel oder Schaden einzustufen sind, insbesondere wenn sie bei unbewehrten Bauteilen ohne äußere Last auftreten, sind sie für das Tragverhalten des Verbundwerkstoffs Stahlbeton ausschlaggebend. Erst nach der Rissbildung übernimmt die in den Beton eingebettete Stahlbewehrung z. B. bei einer Biegebeanspruchung einen großen Anteil der im Querschnitt wirkenden Zugkräfte, während der Beton selbst die ebenfalls wirkenden Druckkräfte abträgt.

Trotz der Notwendigkeit ihres Auftretens bei zugbeanspruchten Stahlbetonbauteilen stellen Risse gleichzeitig auch ein Risiko und ggf. eine Gefahr für das Bauwerk dar, da sie dessen Dauerhaftigkeit stark beeinträchtigen können. Daher wird die zulässige Rissbreite durch die einschlägigen technischen Regeln beschränkt (siehe DIN 1045-1 [1]). Risse mit entsprechend begrenzter maximaler Breite sind in einem Betonbauteil somit per Definition kein Mangel oder Schaden. Grundsätzlich muss jedoch beachtet werden, dass auch durch Risse geringer Breite das Eindringen schädlicher Substanzen, wie z. B. von $CO_2$ oder Chloriden, in den Beton begünstigt und ggf. beschleunigt wird. Dadurch kann der Schutz der in den Beton eingebetteten Bewehrung im Bereich von Rissen ggf. nicht mehr in ausreichender Weise gewährleistet sein und die Bewehrung korrodiert [41]. Die Folge ist die Entstehung eines Dauerhaftigkeitsschadens am Bauteil, der sich wiederum in einer starken Zunahme der Breite bestehender Risse bzw. der vermehrten Bildung neuer Risse äußert. Auf den Zusammenhang zwischen Rissen im Beton und dem Risiko für das Bauteil geht Fingerloos [2] näher ein.

Lastunabhängige Rissbildungen, die als Folge von Eigen- oder Zwangspannungen chemisch, thermisch oder hygrisch bedingt sind, müssen oftmals als nicht hinzunehmender Mangel teils auch als Schaden eingestuft werden. Ihre Ausbildung kann gleichermaßen die Dauerhaftigkeit der oberflächennahen Bewehrung wie den Beton selbst beeinträchtigen.

Im vorliegenden Beitrag werden zunächst die Mechanismen der Rissbildung kurz erläutert. Im Anschluss an eine kurze Einführung in die verschiedenen rissauslösenden Einwirkungen sowie einer Erläuterung der Einflüsse auf die Zugfestigkeit von Beton, liegt der Schwerpunkt des Beitrags auf einer Übersicht zu den verschiedenen betontechnologischen Möglichkeiten der Rissvermeidung, Rissbreitenbeschränkung bzw. Beherrschung von Rissen im Allgemeinen. Für weitergehende Informationen zu einzelnen Teilaspekten des Themas „Beherrschung von Rissen im Beton“ wird jeweils auf die Beiträge des vorliegenden Tagungsbands [2-9] bzw. auf weiterführende Literatur (siehe z. B. [10]) verwiesen.

## 2 Mechanismen der Rissbildung

Eine Rissbildung in Beton tritt dann ein, wenn die lokal vorliegende Spannung die lokal vorhandene Zugfestigkeit des Werkstoffs überschreitet. Hierbei ist es zunächst unerheblich, ob die rissverursachende Spannung aus einer äußeren statischen oder dynamischen Belastung resultiert oder ob diese durch eine Behinderung des Verformungsbestrebens des Betons entsteht, also durch Eigen- oder Zwangspannungen hervorgerufen wird. Von wesentlicher Bedeutung ist auch die Tatsache, dass Beton nicht als vollkommen homogen und isotrop hinsichtlich seiner Eigenschaften und insbesondere hinsichtlich seiner Zugfestigkeit angesehen werden kann. Wie aus Abbildung 1 deutlich wird, muss bei der Betrachtung der Rissbildung zwischen unterschiedlichen Betrachtungsebenen unterschieden werden [11, 12].

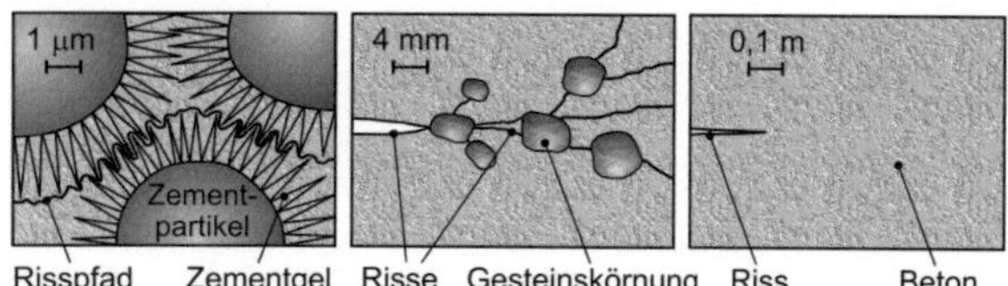


Abb. 1 Rissentwicklung im Beton bei der Betrachtung auf der Mikro- (links), Meso- (Mitte) und Makroebene (rechts) [12]

Die Heterogenität der Struktur des Betons auf Mikro- und Mesoebene hat zur Folge, dass Risse zunächst in Fehlstellen und Bereichen mit stark verringerter Zugfestigkeit bzw. in Bereichen, in denen starke Spannungsspitzen vorliegen, initiiert werden. Zu diesen Fehlstellen sind neben Verdichtungsporen u. a. auch feine Mikrorisse zu zählen, die bereits im unbelasteten Beton vorhanden sind.

Untersuchungen von Kustermann [13] und Sunderland [14] zeigen, dass derartige Mikrorisse bevorzugt in der Kontaktzone zwischen Gesteinskörnern und Zementstein auftreten und eine Rissbreite von 0,7 µm bis 1,2 µm bei einer Risslänge von 50 µm bis 420 µm aufweisen. Die Ursache für diese Mikrorisse ist u. a. in einer stark erhöhten Porosität des Zementsteins und einer Anreicherung von Calciumhydroxid – dieses schwächt aufgrund seiner plättchenförmigen Struktur den Zementstein – an der unmittelbaren Oberfläche des Gesteinskorns zu suchen (siehe Abbildung 2).

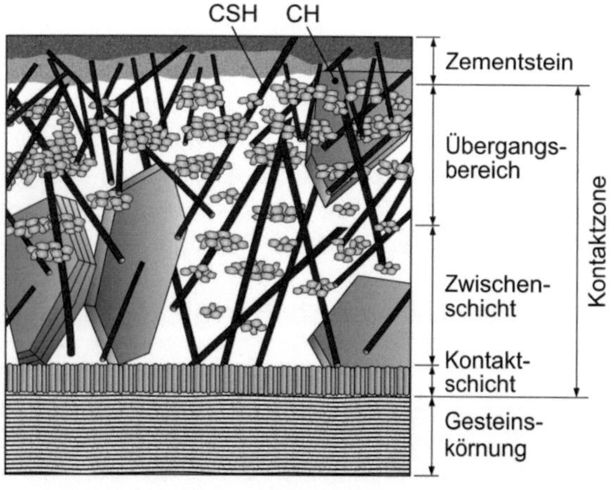


Abb. 2 Struktur der Kontaktzone zwischen Gesteinskorn und ungestörtem Zementstein [15]

Da der Zementstein infolge des Hydratationsvorgangs und ggf. einer zusätzlichen Austrockung schrumpft und schwindet, die Gesteinskörner aufgrund ihres hohen E-Moduls diese Volumenreduktion jedoch behindern, bauen sich in der niederfesten, porösen Kontaktzone um das Gesteinskorn Zugspannungen auf, die zu einer Rissbildung führen können.

Unabhängig von der Größe des Risses, d. h. ob es sich um einen Mikro- oder Makroriss handelt, werden durch diesen die anliegenden, d. h. senkrecht zum Risspfad wirkenden Spannungen abgebaut bzw. in den umgebenden ungestörten Beton umgelagert. Der Riss wirkt als Fehlstelle und im angrenzenden Beton entstehen insbesondere an der Rissspitze die zugehörigen Spannungsspitzen (siehe Abbildung 3; [12]).

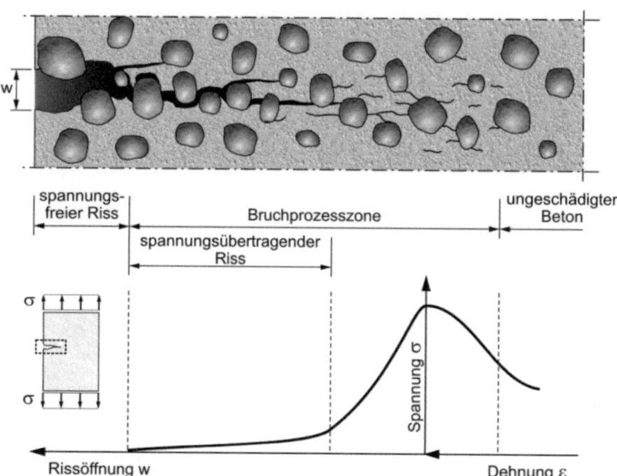


Abb. 3 Bildung eines Risses in einem senkrecht zum Rissverlauf auf Zugspannung beanspruchten Betonbauteil und zugehörige Spannungsverteilung im Bauteil [12, 40]

Wird Beton zusätzlich einer einwirkenden Zugbelastung ausgesetzt, führt dies in Abhängigkeit der Spannungshöhe zu einer starken Zunahme der Anzahl der Mikrorisse. Diese lokalisieren sich zunächst ebenfalls in der Kontaktzone zwischen Gesteinskorn und Zementstein, sind jedoch im Gegensatz zu den Mikrorissen im unbelasteten Zustand senkrecht zur Richtung der Hauptzugspannungen ausgerichtet (siehe Abbildung 4, unten).

Wissenschaftlich umstritten ist derzeit die Frage, ob nicht lastinduzierte Mikrorisse, d. h. Mikrorisse die bereits im unbelasteten Beton vorhanden sind, den Ausgangspunkt für das oben beschriebene Risswachstum darstellen, oder ob die Rissbildung unabhängig davon von Schwachstellen in der Kontaktzone ausgeht [16, 17]. Diese zunächst rein akademische Fragestellung besitzt für die Wahl der Betonzusammensetzung bei der Herstellung möglichst rissearmer Bauteile erhebliche Relevanz (siehe Abschnitt 4).

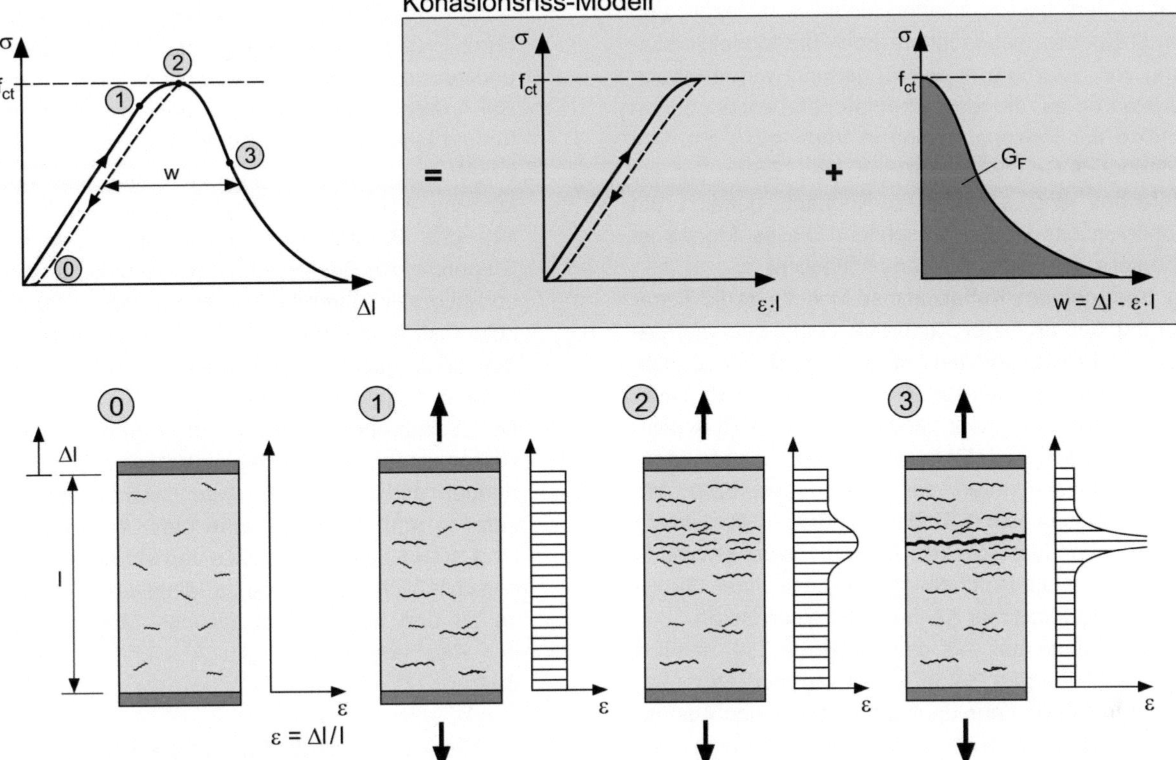


Abb. 4 Spannungs-Dehnungsdiagramm von Beton im Zugversuch, Kohäsionsriss-Modell und Rissentwicklung infolge der Zugbeanspruchung (nur horizontale Risse dargestellt)

Makroskopisch äußert sich die mit zunehmender Belastung fortschreitende Rissbildung im Beton in einem zunehmenden Abflachen der Spannungs-Dehnungslinie (siehe Abbildung. 4, Zustände 1 und 2). Für Belastungen deutlich unterhalb der Bruchlast gilt, dass das Mikrorisswachstum bei gegebener konstanter Belastung mit der Zeit zum Erliegen kommt. Dies bedeutet, dass die durch die angelegte Spannung dem Beton zugeführte Energie in der Probe durch elastische Verformungen gespeichert bzw. durch Rissbildung dissipiert wird. Wird die Probe wieder entlastet, so wird ein Teil der gespeicherten Energie in Form einer elastischen Rückverformung wieder abgegeben. Die für die Erzeugung von plastischen Verformungen und Rissen – d. h. die Erzeugung neuer Oberflächen – aufgewendete Energie bleibt jedoch in der Probe gespeichert. Von zentraler Bedeutung ist dabei die Frage, wie viel Energie der Probe zugeführt werden kann, bis es bei konstanter Spannung zu einer starken Beschleunigung der Mikrorissbildung und Vernetzung der Risse kommt, die dann unweigerlich zum Bruch führt. Mit dieser Fragestellung befasst sich die Bruchmechanik (siehe z. B. [11, 12, 18]).

Während für den Zustand 1 (vgl. Abbildung 4) noch eine Gleichverteilung der Mikrorisse über die Probenhöhe vorliegt, vollzieht sich mit weiter wachsender Dehnung eine zunehmende Rissbildung in einem schmalen Band (Zustand 2), bis es schließlich zur Ausbildung eines durchgehenden Makrorisses kommt (Zustand 3). Er ist das Ergebnis des Zusammenwachsens von Mikrorissen. Diese Lokalisierung der Rissbildung bewirkt auch, dass große Dehnungen im Bereich des Rissbandes (Prozesszone) entstehen, während die Dehnung in den benachbarten Bereichen zurückgeht. Dort findet eine elastische Entlastung statt, die einen ausgeprägten Spannungsabfall zur Folge hat.

Wie Versuchsergebnisse zeigen, bedeutet die Ausbildung des durchgehenden Risses nicht, dass es zu einem schlagartigen Versagen des Betons bzw. einer Zugprobe (vgl. Abbildungen 3 und 4) kommt. Vielmehr können Risse in begrenztem Umfang mechanische Spannungen übertragen (siehe [12, 18]). Bazant [18] unterscheidet dabei zwischen dem spannungsfreien Riss und der sog. Rissprozesszone. Im zuletzt genannten Bereich können durch mechanische Reibung Spannungen zwischen den Rissflanken übertragen werden (siehe Abbildung 3). Diese für das Tragverhalten sehr günstige Fähigkeit nimmt mit zunehmender Rissverzweigung zu. Wie aus Abbildung 3 weiterhin deutlich wird, stellt zwar die Kontaktzone um die Gesteinskörner in Normalbeton die Hauptschwachstelle im Betongefüge dar, jedoch wirken die Gesteinskörner gleichzeitig auch als sog. Rissarretierung bzw. Rissbremse. Dies bedeutet, dass die Rissausbreitung durch Gesteinskörner gestoppt oder zumindest umgelenkt werden kann. Die Duktilität des Versagensvorganges wird dadurch erheblich gesteigert.

Neben dem bereits zitierten Modell von Bazant und Oh [18] muss insbesondere noch die Modellvorstellung von Hillerborg et al. [45] genannt werden. Letztere waren es, die als erste die oben beschriebenen Effekte der Rissausbreitung in Verbindung mit dem Spannungs-Dehnungsverhalten von Beton in ein einfaches und schlüssiges Konzept, nämlich ein Kohäsionsriss-Modell umsetzten. Dieses Modell ist ebenfalls in Abbildung 4 veranschaulicht.

Kernidee des Kohäsionsriss-Modells ist die Separierung der an einer Zugprobe beobachteten Phänomene in zwei additive Anteile, nämlich in das elastische Verhalten des Betons außerhalb der Prozesszone (Rissband (crack band) [18]; fiktiver Riss (fictitious crack) [45]) und das Spannungs-Rissöffnungsverhalten des Rissbandes bzw. des fiktiven Risses selbst. Dabei wird die zur Ausbildung des Rissbandes bzw. des fiktiven Risses erforderliche Energie als Bruchenergie $G_F$ bezeichnet. Sie ist ein charakteristischer Kennwert für einen Beton.

Im Hinblick auf das grundsätzliche Ziel, nämlich die Rissbildung im Beton soweit wie möglich zu minimieren, können aus den vorangegangenen Ausführungen folgende Schlussfolgerungen gezogen werden:

- Ausgangspunkt für die Rissbildung stellt bei Normalbeton häufig die bereits im unbelasteten Zustand gerissene Kontaktzone zwischen den Gesteinskörnern und dem Zementstein dar. Zielsetzung betontechnologischer Maßnahmen zur Rissvermeidung muss es daher sein, die Qualität der Kontaktzone, z. B. durch Zugabe puzzolaner Zusatzstoffe wie Flugasche oder Mikrosilika, zu verbessern. Im Gegensatz dazu führt eine Minimierung der Kontaktzone durch Reduktion des Gesteinskorngehalts nicht zum gewünschten Erfolg, da dann auch die Rissarretierung bzw. Rissverzweigung zurückgeht und damit die Sprödigkeit des Materials stark zunimmt.
- Die Rissbildung, bzw. Tiefe und Breite von Rissen im Beton, ist nicht allein eine Funktion der Zugfestigkeit. Vielmehr kann nach der Überschreitung der lokalen Zugfestigkeit, z. B. an der Oberfläche des Bauteils, der so entstandene Riss beispielsweise durch Gesteinskörner in seiner Richtung abgelenkt und somit zum Stillstand gebracht werden. Hierdurch werden Rissbreite und Risstiefe deutlich begrenzt.
- Zwang- und Eigenspannungen als Folge behinderter Betonverformungen sind umso höher, je höher der E-Modul des Betons ist. Daher würde eine gezielte Reduktion des E-Moduls bei gleicher Betonfestigkeit auch das Rissrisiko herabsetzen. In der Praxis ist eine solches Konzept jedoch kaum umsetzbar. Mit der E-Modul-Reduktion ginge eine meist unerwünschte Zunahme der lastabhängigen Verformungen einher. Außerdem könnte die E-Modul-Reduktion nur durch eine Verringerung des Zementstein- und/oder des Zuschlag-E-Moduls bewirkt werden. Bei Anwendung der hierfür in der Praxis zur Verfügung stehenden Möglichkeiten – Erhöhung des w/z-Wertes und/oder Austausch der Gesteinskörnung – sinkt in der Regel auch die Zugfestigkeit des Betons. Der Ansatz einer E-Modul-Steuerung zur Begrenzung der Rissbildung ist also nicht zielführend. Allerdings können durch konstruktive Maßnahmen Eigen- und insbesondere Zwangspannungen unter bestimmten Umständen begrenzt werden.
- Der zielführendste Ansatz zur Vermeidung von Rissen ist es, im Bauteil auftretende Zugspannungen durch eine geeignete Betonzusammensetzung und Betonage, eine gute Nachbehandlung sowie eine angepasste Konstruktionsweise einschließlich Bewehrung zu minimieren. Hinweise zu den betontechnologischen Möglichkeiten der Rissbeherrschung gibt Abschnitt 4 dieses Beitrags.

## 3 Risserzeugende Einwirkungen

Lange bevor ein Betonbauteil in der Praxis einer äußeren statischen oder dynamischen Belastung ausgesetzt ist, erfährt der Baustoff in der Regel bereits Druck- und Zugspannungen. Diese resultieren im Wesentlichen aus behinderten Eigenverformungen des Materials, die durch Schwind- oder Temperaturbeanspruchungen ausgelöst werden. Diese Spannungen werden als Eigenspannungen bezeichnet, solange sie keine Kräfte in den benachbarten Bauteilen oder Lagern bewirken bzw. die resultierende Kraft über den Querschnitt gleich Null ist. In statisch unbestimmt gelagerten Bauteilen führen Schwindvorgänge bzw. Temperaturdehnungen jedoch häufig zu Reaktionskräften. Die hieraus resultierenden Spannungen im Beton werden dann als Zwangspannungen bezeichnet.

Sowohl Eigen- als auch Zwangspannungen sind dem Bauteil eingeprägte Spannungen, denen sich äußere Spannungen, z. B. infolge der Belastung des Bauteils, überlagern können.

Untersuchungen von Foos [19] an unbewehrten Betonfahrbahnplatten zeigen, dass bereits Eigen- und Zwangspannungen allein, in bestimmten ungünstigen Fällen zu einer ausgeprägten Rissbildung an der Plattenoberseite führen können. Diesen Spannungen bzw. deren Ursachen muss daher im Hinblick auf die Rissvermeidung besondere Aufmerksamkeit geschenkt werden.

Nachfolgend wird kurz auf die wesentlichen Mechanismen, die Zugspannungen im Beton verursachen können, eingegangen. Weiterführende Informationen sind in den Beiträgen [3-5] enthalten.

### 3.1 Eigen- und Zwangspannungen

Zu den maßgebenden Mechanismen, die für die Entstehung von Eigen- und Zwangspannungen in Betonbauteilen verantwortlich sind, gehören das Schwinden sowie thermische Verformungen.

Während des Hydratationsvorgangs kommt es zu einer chemischen Umwandlung von Zement und Wasser in Zementstein, der hinsichtlich seiner Feststoffe im Wesentlichen aus Calciumsilikathydrat sowie Calciumhydroxid besteht. Mit diesem Vorgang geht eine Volumenreduktion einher, die im unbehinderten Zustand ca. 9 Vol.-% beträgt. Der weit überwiegende Teil dieser Volumenabnahme bewirkt allerdings die Ausbildung der inneren Porosität (Gelporen). Ein kleiner Teil führt jedoch auch zu einer äußeren Kontraktion. Dieser für den Baustoff Beton charakteristische Verformungsanteil wird als Grundschwinden bezeichnet. Der beschriebene Prozess setzt unmittelbar nach der Wasserzugabe zum Zement ein und kann nicht oder nur in sehr begrenztem Maße beeinflusst werden. Kann ein Beton gleichzeitig noch Wasser an die Umgebung durch Verdunstung abgeben, kommt es zu weiteren Verkürzungen, die als Trocknungsschwinden bezeichnet werden. Beide Verformungskomponenten werden unter dem Überbegriff Schwinden zusammengefasst [20].

Die Volumenabnahme des Zementsteins wird im Beton stark durch die vergleichsweise steife Gesteinskörnung bzw. die Stahlbewehrung behindert. Der Zementstein zieht sich um die Körner zusammen und verursacht in diesen einen isotropen Druckspannungszustand. Als Reaktion entstehen gleichzeitig in dem an der freien Verformung behinderten Zementstein Zugspannungen. Diese Gefügespannungen, die letztlich Eigenspannungen darstellen, konzentrieren sich im Bereich der Kontaktzone. Wie die Untersuchungen von Kustermann [13] zeigen, weist jedoch nur ein sehr geringer Teil der Kontaktzonen im Beton vor der Belastung Risse auf. Dies ist auf das ausgeprägte Kriech- und Relaxationsvermögen des noch jungen Zementsteins und die besondere Struktur der Kontaktzone (siehe Abbildung 2) zurückzuführen.

Unterliegt ein Bauteil gleichzeitig einer Trocknung an der Bauteiloberseite, so hat dies ein ungleichmäßiges Schwinden über den Querschnitt zur Folge. Die austrocknenden oberflächennahen Schichten sind bestrebt, sich zu verkürzen, werden jedoch durch die darunterliegenden, weniger stark schwindenden Schichten behindert. Dies bewirkt Zugspannungen an der trocknenden Oberfläche und ggf. eine Rissbildung durch den hervorgerufenen Eigenspannungszustand. Ist ein Bauteil schließlich noch statisch unbestimmt gelagert und daher an einer Schwindverkürzung gehindert, entstehen über den gesamten Querschnitt zusätzlich Zugspannungen (Zwangspannungen). Auf die Mechanismen des Schwindens und das dadurch bedingte Rissverhalten wird detailliert in [3, 20] eingegangen.

Eine Abschätzung der zu erwartenden Zugspannungen aus behindertem Schwinden kann über die Beziehung

$$\sigma_{ct} = \varepsilon_{cs} \cdot E_{eff} = \varepsilon_{cs} \cdot \frac{E_c}{1+\rho \cdot \varphi} \tag{1}$$

erfolgen. In Gleichung 1 bedeuten $\varepsilon_{cs}$ die Schwinddehnung, $E_c$ der E-Modul des Betons, $\varphi$ die Kriechzahl des Betons und $\rho$ der Relaxationskoeffizient ($\rho \approx 0{,}8$).

Ein weiterer maßgeblicher Faktor, der die Rissbildung beeinflusst, ist das thermische Dehnverhalten des Betons bzw. seiner Ausgangsstoffe. Die Hydratation des Zements ist ein exothermer chemischer Prozess der zu einer ggf. starken Erwärmung des Betons bzw. seiner Phasen Gesteinskörnung und Zementstein führen kann. Eine grobe Abschätzung von Temperaturspannungen ist mittels Gleichung 1 möglich, wenn $\varepsilon_{cs}$ durch $\alpha_T \cdot \Delta T$ ersetzt wird.

Eine genaue und vor allem ortsbezogene Berechnung der lokalen Temperaturspannungen infolge einer Abkühlung um den Betrag $\Delta T$ scheitert jedoch an der Tatsache, dass sowohl der E-Modul $E_c$ als auch die Wärmedehnzahl $\alpha_T$ und die Kriechzahl $\varphi$ stark von der zum Betrachtungszeitpunkt ausgebildeten Zementsteinstruktur, also vom Hydratationsgrad bzw. dem Alter des Betons abhängig sind [21]. Unmittelbar nach dem Einbau des Betons wird das Wärmedehnverhalten des frischen Betons stark durch das thermische Verhalten des darin enthaltenen Wassers mit $\alpha_{T,H2O} \approx 70 \cdot 10^{-6}\ K^{-1}$ dominiert. Erst mit zunehmender Hydratation ist ein Rückgang der Wärmedehnzahl zu verzeichnen (siehe Abbildung 5).

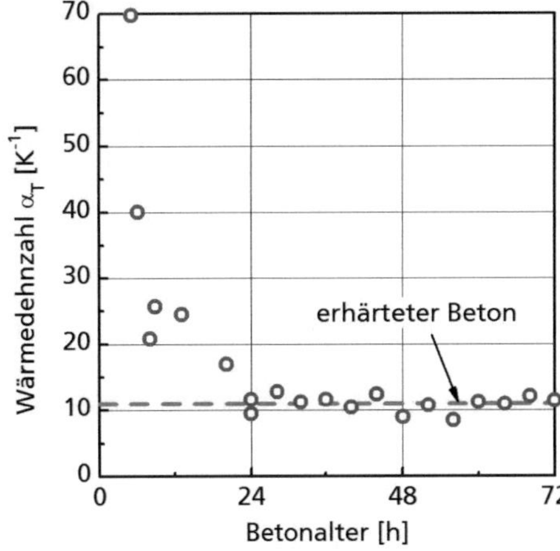


Abb. 5 Wärmedehnzahl $\alpha_T$ von Beton in Abhängigkeit vom Betonalter [22]

Im Hinblick auf die Anwendung von Gleichung 1 muss somit auch die zeitliche Veränderung von $\alpha_T$ beachtet werden. Von Vorteil ist jedoch die Tatsache, dass zum Zeitpunkt, an dem ein Beton seine maximale Temperatur erreicht hat und wieder abkühlt (also Zugspannungen aufgebaut werden können) die Wärmedehnzahl auf das für Festbeton bekannte Maß abgefallen ist.

Im Hinblick auf das Rissverhalten muss weiterhin beachtet werden, dass der E-Modul von Beton im jungen Alter zunächst deutlich schneller anwächst als die Betonzugfestigkeit (siehe Abbildung 6). Die Zug-Bruchdehnung $\varepsilon_{ct,u}$ durchläuft daher im Betonalter von ca. 8 bis 10 h ein Minimum. Trotz des gleichzeitig hohen Kriech- bzw. Relaxationsvermögens des Betons in diesem Alter ist daher die Gefahr einer Rissbildung bei hohen Temperaturgradienten gegeben (siehe z. B. [11, 19, 21]).

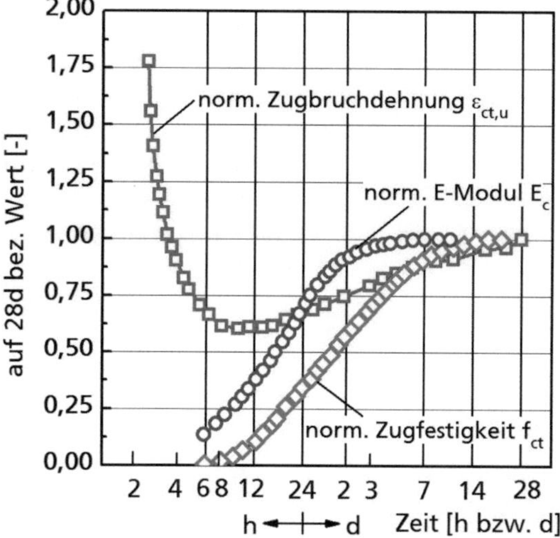


Abb. 6 Zeitliche Entwicklung des E-Moduls $E_c$, der Zugfestigkeit $f_{ct}$ und der Zug-Bruchdehnung $\varepsilon_{ct,u}$ von Beton bezogen („norm.") auf den jeweiligen Wert im Alter von 28 Tagen [21]

Zusammenfassend sei festgestellt, dass die Mechanik der Rissbildung infolge Feuchteabgabe eines Bauteils prinzipiell identisch jener bei Wärmeabgabe ist. In beiden Fällen entstehen sowohl Eigen-Zugspannungen in der Randzone sowie ggf. auch über den Querschnitt wirkende Zwangs-Zugspannungen. Unterschiede liegen jedoch hinsichtlich der zeitlichen Entwicklung der Spannungen vor. Als grober Anhaltswert kann davon ausgegangen werden, dass der Feuchtetransport im Beton ca. 1000-mal langsamer als der Wärmetransport abläuft. Daher werden Schwindspannungen wesentlich stärker als Temperaturspannungen durch Kriech- und Relaxationsvorgänge abgemindert. Die Gefahr der Rissbildung ist dennoch vergleichsweise hoch, weil Schwinddehnungen in einer Größenordnung von 0,6 ‰ in der Praxis häufig auftreten, während gleich große Temperaturdehnungen eine Temperaturdifferenz $\Delta T$ von ca. 60 °C erfordern, die eher selten gegeben ist. Zudem spielen sich Schwindvorgänge überwiegend im reifen Beton ab, dessen E-Modul vergleichsweise hoch ist, so dass erzwungene Verformungen zu hohen Spannungen führen.

Maßnahmen zur Rissvermeidung sollten vor diesem Hintergrund das Ziel verfolgen, die hydratationsbedingte Erwärmung des Betons $\Delta T$ bzw. das Schwindmaß $\varepsilon_{cs}$ zu minimieren. Dies kann beispielsweise durch eine Reduktion des Zementleimgehalts im Beton und durch die gleichzeitige Verwendung von Bindemitteln mit geringer Hydratationswärmeentwicklung bzw. reduzierter Schwindneigung geschehen. Auch die Verwendung gekühlter Ausgangsstoffe oder eine Kühlung des Betons während der Erhärtung können probate Mittel sein. Einen guten Überblick über die zur Verfügung stehenden Ansätze und Methoden geben [3, 4, 22, 23, 26]. Weiterhin gilt, dass eine geringe absolute Temperatur während der Hydratation sich sehr positiv auf die Zugfestigkeit der gebildeten Hydratphasen und damit die Zugfestigkeit des Betons auswirkt. Hierdurch kann die Gefahr einer Rissbildung weiter minimiert werden [22].

### 3.2 Statische und dynamische Einwirkungen

Wie bereits aus den Ausführungen in Abschnitt 2 deutlich wird, führt eine statische Zugbelastung für hohe Belastungsgrade zunächst zu einer gerichteten Mikrorissbildung.

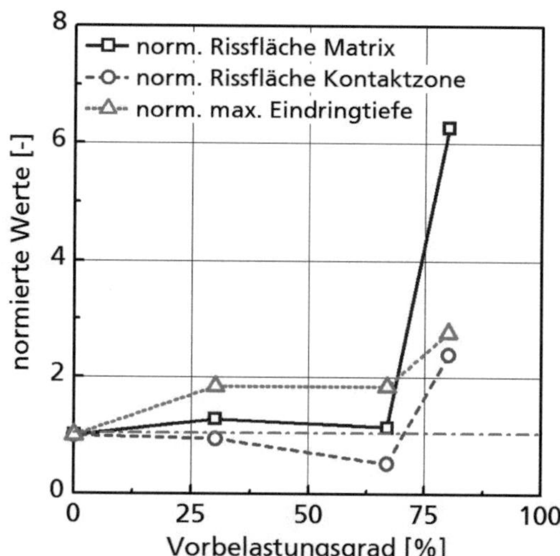


Abb. 7 Einfluss einer statischen Druck-Vorbelastung (Belastungsgrade 0, 30, 67 und 80 % der 28 d Betondruckfestigkeit $f_{cm}$; Vorbelastungsdauer 2 h) auf die Rissflächensumme in der Matrix bzw. der Kontaktzone sowie auf die max. Wassereindringtiefe im Beton im Alter von 28 d jeweils bezogen auf den unbelasteten Zustand [13]

Untersuchungen von Kustermann [13] zur Anzahl von Mikrorissen in einem Probekörper, der mit unterschiedlichen Belastungsgraden vorbelastet wurde, bestätigen diese Ergebnisse (siehe Abbildung 7). Dabei wird insbesondere deutlich, dass es für

Druckbelastungen über ca. 0,60·$f_{cm}$ zu einer signifikanten Zunahme der Anzahl von Mikrorissen in den Probekörpern kommt. Diese Risse können zu einer deutlichen Reduktion der nutzbaren Zugfestigkeit des (unbewehrten) Betons führen. Dieser Abfall kann nach [21] bis zu 15 % betragen.

Noch stärker ausgeprägt ist der Einfluss einer statischen Vorbelastung auf wichtige Dauerhaftigkeitskennwerte. Zwar nimmt die kapillare Wasseraufnahme mit zunehmender Vorbelastung und Rissbildung nur geringfügig zu, eine starke Zunahme ist jedoch bei der Wassereindringtiefe zu verzeichnen (siehe Abbildung 7 [13]).

Neben den statischen Beanspruchungen können auch dynamische Beanspruchungen, insbesondere bei sehr jungem Beton, Mikrodefekte in der Struktur bewirken, die den Risswiderstand herabsetzen. Vorsicht ist daher auch bei Verdichtungsmaßnahmen angezeigt, wenn die ausgelösten Vibrationen Bereiche von angrenzend eingebautem und in der Erhärtung begriffenen Beton erfassen.

Im Hinblick auf die Minimierung des Risikos der Rissbildung sollten Betone in der frühen Erhärtungsphase nicht mechanisch beansprucht, Ausschalfristen unbedingt eingehalten bzw. der Belastungsbeginn zwingend auf den Reifegrad und damit die tatsächlich vorliegende Betonfestigkeit abgestimmt werden.

### 3.3 Rissbildung als Folge dauerhaftigkeitsbedingter Schädigungsprozesse

Eine wesentliche Ursache für die Bildung von Rissen in Beton sind dauerhaftigkeitsbedingte Schädigungsprozesse. Hierbei handelt es sich häufig um treibende Vorgänge, die große Zugspannungen im Beton und damit Risse im Gefüge sowie an der Oberfläche verursachen. Im Hinblick auf eine dauerhaftigkeitsinduzierte Rissbildung wird hier auf die einschlägige Literatur verwiesen. Einen guten Überblick geben beispielsweise Stark und Wicht [24]. Untersuchungen zum Zusammenhang zwischen einer korrodierenden Stahlbewehrung und Rissen im Beton werden von Bohner und Müller [41, 42] vorgestellt.

## 4 Betontechnologische Maßnahmen zur Rissbeherrschung

Dem planenden bzw. ausführenden Ingenieur steht eine Vielzahl von Möglichkeiten zur Verfügung, um die Anzahl bzw. Größe von Rissen im Beton bzw. das Risiko einer Rissbildung zu minimieren. Diese Maßnahmen wirken sich zumeist gleichzeitig auf die Einwirkungsseite (z. B. das Schwinden oder die Hydratationswärmeentwicklung) und auf die Widerstandsseite, d. h. die Betonzugfestigkeit bzw. das Bruchverhalten, aus. Vor diesem Hintergrund werden die wichtigsten betontechnologischen Maßnahmen nachfolgend näher beleuchtet. Auf das Konzept der Rissbeherrschung mittels des Einbaus einer Stahlbewehrung oder durch Verwendung von Stahlfasern wird in [5] bzw. [9] eingegangen.

### 4.1 Betonausgangsstoffe

#### 4.1.1 Bindemittel

Die Auswahl geeigneter Bindemittel stellt sicherlich die schwierigste Aufgabe im Hinblick auf die Rissbeherrschung dar. Dies liegt insbesondere in der Tatsache begründet, dass das Bindemittel maßgeblich die Zugfestigkeit, den E-Modul, das Bruchverhalten, das Kriech- und Relaxationsvermögen sowie das Schwindverhalten und die Hydratationswärmeentwicklung, d. h. alle für die Rissbeherrschung wesentlichen Parameter, in unterschiedlich ausgeprägter Weise beeinflusst.

Untersuchungen von Breitenbücher et al. [23] zeigen, dass **Portlandzemente** mit geringem Alkaligehalt ($K_2O$ und $Na_2O$) sowie geringem $C_3A$-Gehalt sich günstig auf die Entwicklung von thermischen Eigen- und Zwangspannungen auswirken. Diese Zemente zeigen gleichzeitig auch ein geringes Grund- und Trocknungsschwinden, insbesondere wenn der Anteil der Zementphase $C_3S$ zugunsten des Gehalts an $C_2S$ reduziert wird [20, 25, 26]. Hierbei muss jedoch beachtet werden, dass mit einer Verringerung des $C_3S$-Gehalts auch eine Verlangsamung der Festigkeitsentwicklung einhergeht, wodurch die Anfälligkeit gegenüber einer Rissbildung im frühen Alter leicht zunimmt [21]. Diesem Nachteil kann ggf. durch eine Erhöhung der Mahlfeinheit begegnet werden. Dies bewirkt jedoch wiederum eine Erhöhung der Hydratationswärmeentwicklung und ein erhöhtes Schwinden. Bei der Zementauswahl handelt es sich somit um ein komplexes Optimierungsproblem.

Nur vereinzelte Ergebnisse liegen zum Einfluss von Portlandkalksteinzementen auf die Rissneigung vor. Kustermann [13] stellt in Versuchen an Betonen mit verschiedenen Zementarten eine deutlich erhöhte Anzahl von Mikrorissen in Zementsteinen mit **Portlandkalksteinzement** fest. Dies scheint jedoch keinen nachweisbaren Einfluss auf die Festbetoneigenschaften zu haben. Vielmehr ging die maximale Wassereindringtiefe bei Betonen mit Portlandkalksteinzement im Vergleich zu Betonen mit Portlandzement in entsprechenden Versuchen tendenziell zurück [13, 43].

Eingehender untersucht ist der Einfluss von Hüttensandzement auf die Rissneigung. Als vorteilhaft ist beim Austausch von Zementklinker durch **Hüttensand** grundsätzlich die reduzierte Hydratationswärmeentwicklung und die Verbesserung der Kontaktzone zu sehen [15]. Damit einher geht jedoch auch eine verlangsamte Festigkeitsentwicklung. Dieser Effekt kann ggf. den Vorteil der Temperaturreduktion zunichte machen und eine erhöhte Rissneigung zur Folge haben [23, 27].

Ein neutraler bis positiver Einfluss auf die Rissneigung des Betons wird durch die Verwendung von **Steinkohlenflugasche** festgestellt. Dies wird auf eine reduzierte Hydratationswärmeentwicklung und ein reduziertes Schwinden flugaschehaltiger Betone zurückgeführt [28, 29].

Äußerst differenziert muss die Wirkungsweise von **Silikastaub** in Beton betrachtet werden. Durch seine pozzulane Reaktion führt Silikastaub zu einer signifikanten Reduktion der Anzahl der Mikrorisse in der Kontaktzone [13]. Gleichzeitig greift Silikastaub jedoch auch stark in den Hydratationsprozess ein, führt zu einer starken Zunahme der Grundschwindverformungen und wird daher häufig mit einer erhöhten Rissneigung in Verbindung gebracht [22].

#### 4.1.2 Betonzusatzmittel

Aus der Gruppe der Betonzusatzmittel ist besonders der günstige Einfluss von Luftporenbildnern auf das Rissverhalten hervorzuheben. Obwohl Luftporen grundsätzlich Fehlstellen im Betongefüge darstellen, an denen Spannungskonzentrationen auftreten, wirkt ein fachgerecht hergestelltes Luftporensystem rissarretierend. Darüber hinaus haben die Luftporen eine Reduktion des E-Moduls und somit eine Reduktion von Zwangspannungen zur Folge [23].

#### 4.1.3 Gesteinskörnung

Bei der Wahl der Gesteinskörnungsart sollte besonderes Augenmerk auf die Wärmedehnung der Körnung gelegt werden. Diese kann im lufttrockenen Zustand zwischen $8 \cdot 10^{-6}$ $K^{-1}$ für calcitische Körnungen (Kalkstein) und $13 \cdot 10^{-6}$ $K^{-1}$ für quarzitische Körnungen betragen. Die Wärmedehnzahl des lufttrockenen Zementsteins beträgt hingegen ca. $22 \cdot 10^{-6}$ $K^{-1}$ [30]. Im Hinblick auf eine möglichst geringe Rissneigung von Bauteilen sind Körnungen mit möglichst geringer Wärmedehnungen vorteilhaft. So konnte in [23] beispielsweise eine Reduktion der Zwangspannungen um 50 % durch den Austausch von quarzitischer Gesteinskörnung durch Kalkstein oder Basalt festgestellt werden. Dieser Einfluss ist besonders bei groben Körnungen gegeben. Gleichzeitig sollte jedoch die Korngröße im Beton auf 16 mm begrenzt werden, um Spannungskonzentrationen am Korn zu minimieren. So zeigten spezifische Untersuchungen zum Einfluss der Korngröße eine ausgeprägte Rissbildung durch Gefügespannungen bei großen Korndurchmessern, was auch bruchmechanisch begründbar ist [44].

Der Austausch von runden durch gebrochene Gesteinskörnungen bewirkt auf Mikroebene eine Zunahme der Mikrorissbildung [13]. Dieser Effekt wird jedoch durch eine verstärkte Rissarretierung und Rissverzahnung aufgewogen. Die Verwendung gebrochener Körnungen führt daher zu einer Steigerung der Zugfestigkeit und zu einer Verbesserung der Rissneigung [31]. Weiterhin nimmt die Rauhigkeit der Rissflanken zu, wodurch auch die Selbstheilungsfähigkeit eines Risses verbessert werden kann (siehe auch Abschnitt 5 sowie [32]).

### 4.2 Betonzusammensetzung

Von zentraler Bedeutung bei der Mischungsentwicklung ist es, später eintretende Schwindverformungen und die Hydratationswärmeentwicklung zu minimieren und gleichzeitig die Zugfestigkeit des Betons zu maximieren.

Für übliche Wasserzementwerte konnten Breitenbücher et al. [23] eine Zunahme der Rissneigung mit zunehmendem Zementgehalt verzeichnen. Der Austausch von Zement durch Flugasche kann sich hier positiv auswirken (siehe Abschnitt 4.1.2).

Mit abnehmendem Wasserzementwert geht eine nahezu lineare Steigerung der Betonzugfestigkeit einher [31]. Geringer ausgeprägt ist jedoch die Zunahme der Zugbruchdehnung im erhärteten Zustand [21, 33, 11]. Dies hat eine Zunahme der Rissneigung mit abnehmendem w/z-Wert zur Folge.

Eine weitere wichtige Kenngröße bei der Festlegung der Mischungsrezeptur stellt der Bindemittelleimgehalt dar. Je geringer er ist, desto geringer fallen auch Schwind- und Temperaturdehnungen sowie die Hydratationswärmeentwicklung aus. Der Bindemittelgehalt kann – folgt man dem klassischen Mischungsentwurfskonzept – indirekt über den Wasseranspruch der Gesteinskörnung beeinflusst werden. Hierbei sollten vorwiegend Gesteinskörnungen mit einem möglichst geringen Wasseranspruch, d. h. mit guter Packungsdichte, eingesetzt werden (siehe auch Abschnitt 4.1.3). Gleichzeitig geht jedoch mit zunehmender Packungsdichte, d. h. optimal abgestufter Sieblinie, auch die Rauhigkeit der Rissflanken zurück. Dies wirkt sich wiederum ungünstig auf die Duktilität des Bruches, auf die Rissarretierung und auf die Selbstheilungsfähigkeit aus [32].

Der Zementleimgehalt kann ggf. weiter durch Zugabe verflüssigender Betonzusatzmittel reduziert werden.

### 4.3 Betoneinbau und Nachbehandlung

Das Rissverhalten von Beton kann auch durch den Betoneinbau beeinflusst werden. Untersuchungen von Kustermann [13] zeigen, dass die Anzahl und die Größe der Mikrorisse ausgeprägt von der Anzahl der Verdichtungsporen im Beton abhängt und durch eine sachgerechte und ausreichend lange Verdichtung minimiert werden kann. Die Versuchsergebnisse zeigen jedoch auch, dass eine Überverdichtung wiederum eine Zunahme der Mikrorissbildung zur Folge hat.

Eine der wichtigsten Einflussgrößen zur Minimierung der Rissbildung im Beton ist dessen Temperatur beim Einbau (siehe [22, 23, 34]). Die Frischbetontemperatur bei rissempfindlichen Bauteilen sollte minimiert werden. Dies kann beispielsweise durch Kühlung des Zugabewassers, Verwendung von Scherbeneis, Kühlung der Gesteinskörnung oder durch die Kombinationen der zuvor genannten Methoden geschehen. Auch der Einbau von so genannten Kühlschlangen – Leitungssysteme, durch die Kühlflüssigkeit gepumpt wird – kann lohnend sein.

Weiterhin muss sichergestellt sein, dass ein Bauteil auch während des Abbindevorgangs keinen signifikanten Wärmeeintrag von außen, beispielsweise durch starke Sonneneinstrahlung, erfährt. Wie die Untersuchungen von Foos [19] zeigen, würde dann das Bauteil an der Außenseite bei höheren Temperaturen erhärten als im Kern. Dies hätte nach dem Abkühlen wiederum Zugspannungen und ggf. Risse an der erwärmten Bauteilaußenseite zur Folge. Umgekehrt kann man sich diesen Einfluss der sogenannten Nullspannungstemperatur auch zu Nutze machen, um das Rissbildungsrisiko zu minimieren (siehe Abbildung 8).

Erhärtet nämlich die Oberflächenzone infolge Kühlung bei geringerer Temperatur als der Kernquerschnitt, so bildet sich nach der Aushärtung des Betons ein Eigenspannungszustand aus, der durch Druckspannungen an der Oberfläche und Zugspannungen im Kern gekennzeichnet ist. Hierdurch wird das Risiko der Rissbildung, z. B. durch Schwinden, erheblich reduziert, weil die Schwindkontraktion zunächst die Druckvorspannung reduziert und erst danach Zugspannungen in der Randzone ausbildet, die dann meist unterhalb der Zugfestigkeit angesiedelt sind.

Wie bereits erläutert, muss ein Beton nach dem Einbau vor einem Wärmeeintrag bzw. einer zu starken äußeren Abkühlung geschützt werden. Weiterhin ist durch geeignete Nachbehandlungsmaßnahmen eine Trocknung des Betons zu verhindern (siehe z. B. [34-37]). Dabei ist von zentraler Bedeutung, dass mit diesen Maßnahmen unmittelbar nach dem Betoneinbau begonnen wird. Verschiedene Untersuchungen belegen, dass der Aufbau von Zugspannungen in den oberflächennahen Schichten bereits unmittelbar mit dem Trocknungsbeginn einsetzt und die Mehrzahl der gebildeten Risse in einem Zeitraum von 24 Stunden nach dem Betoneinbau entsteht [22, 35].

## 5 Selbstheilung von Beton

Der Werkstoff Beton ist unter bestimmten Bedingungen in der Lage, Risse im Laufe der Zeit wieder zu schließen. Dieser Prozess wird als Rissheilung bezeichnet und ist insbesondere für Bauteile, die neben der statischen Tragwirkung auch eine abdichtende Funktion gegenüber gespannten Flüssigkeiten (z. B. Wasserbehälter, Weiße Wannen) übernehmen, von besonderer Relevanz.

Als maßgebender Mechanismus für diesen Prozess wurde in [32] die Bildung von Calcit-Phasen durch Reaktion von Calciumhydroxid mit in Wasser gelöstem $CO_2$ festgestellt. Durch diesen Carbonatisierungsvorgang kommt es zu einer sehr schnellen und effektiven Abdichtung von Rissen auch gegenüber drückendem Wasser. Andere Autoren sehen die Selbstabdichtung darüber hinaus als Ergebnis einer Nachhydratation von noch nicht hydratisiertem Zement im Rissbereich sowie eines Quellvorgangs, durch den die Rissbreite reduziert wird. Voraussetzung für den Heilungsprozess ist jedoch, dass die Rissbreite bestimmte, vom hydrostatischen Druck des anstehenden Wassers abhängige Maße nicht überschreitet. Weiterhin kann ein Riss durch Schmutzpartikel zunehmend verstopft und somit die Permeabilität des Betons verringert werden. Einen guten Überblick über die Selbstheilungsfähigkeit von Beton geben die Quellen [32, 38, 39].

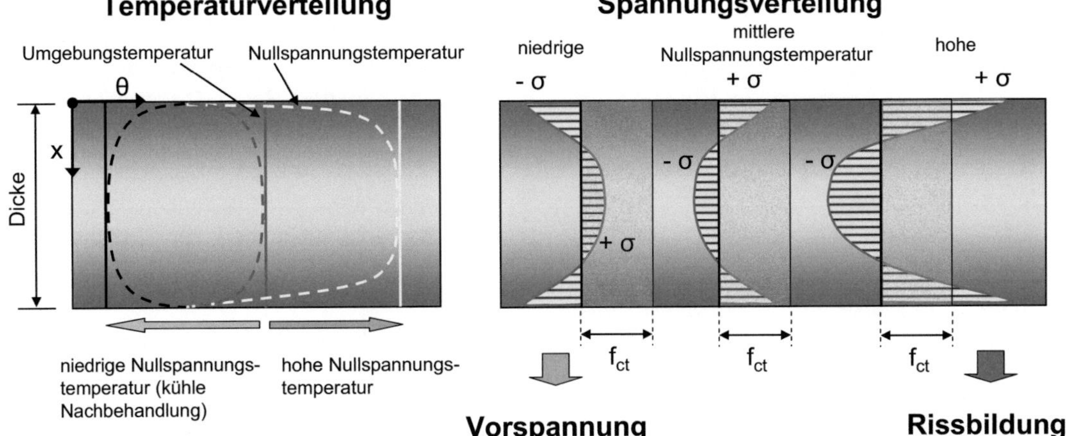


Abb. 8: Einfluss der Nullspannungstemperatur auf die entstehenden thermischen Spannungen in einer Betonplatte ($f_{ct}$ = Zugfestigkeit des Betons

## 6 Zusammenfassung

Risse im Beton entstehen, wenn lokale Zugspannungen die vorherrschende Zugfestigkeit des Materials erreichen. Grundsätzlich unterschiedlich sind Mikrorisse bzw. die Mikrorissbildung und die Entstehung von diskreten Makrorissen (sichtbare Risse mit nennenswerten Rissbreiten, einerseits bis 0,2 mm oder 0,4 mm bzw. darüber) zu bewerten.

Mikrorisse sind bereits im unbelasteten Beton vorhanden und können auf Eigen- bzw. Zwangspannungszustände aus einem behinderten Verformungsbestreben des Zementsteins bzw. Betons zurückgeführt werden. Als maßgebende Mechanismen sind hierbei das Schwinden des Betons sowie thermische Dehnungen zu nennen. Bei der Festlegung der Betonrezeptur zur Herstellung möglichst rissearmer Bauteile ist es daher von entscheidender Bedeutung, Betone mit einer möglichst geringen Schwindneigung sowie einer möglichst geringen Hydratationswärmeentwicklung zu verwenden. Weiterhin sollte das Wärmedehnverhalten der einzelnen Betonausgangsstoffe aufeinander abgestimmt werden.

Größere Risse nehmen ihren Ausgang meist in Fehlstellen (z. B. große Verdichtungsporen) oder in Mikrorissen, die unter Beanspruchung zusammenwachsen können. Aufgrund ihrer besonderen Struktur und ihrer geringen Festigkeit ist die Kontaktzone in üblichen Konstruktionsbetonen besonders anfällig für eine Rissbildung.

Während Mikrorisse in der Lage sind, mechanische Spannungen durch Reibung zwischen den Rissflanken zu übertragen, geht diese Fähigkeit mit zunehmender Rissbreite stark zurück. In bewehrten Stahlbetonbauteilen übernimmt daher mit zunehmdender Belastung die in den Beton eingebettete Stahlbewehrung die auftretenden Zugkräfte. Für die Ausschöpfung des Tragverhaltens von Stahlbetonbauteilen ist die Rissbildung notwendig. Gleichzeitig bilden Risse jedoch einen Transportweg für schädliche Substanzen in den Beton. Das Transportvermögen muss daher durch eine Begrenzung der Rissbreite eingeschränkt werden. Zusätzlich können sich Risse in Anwesenheit von Wasser durch Karbonatisierungsprozesse sowie eine Nachhydratation wieder von selbst schließen.

## 7 Literatur

[1] DIN 1045-1: Tragwerke aus Beton, Stahlbeton und Spannbeton – Teil 1: Bemessung und Konstruktion. Beuth Verlag, Berlin, 2008

[2] Fingerloos, F.: Risikobewertung aus technischer Sicht. In: 7. Symposium Baustoffe und Bauwerkserhaltung – Beherrschung von Rissen im Beton. Müller, H. S., Nolting, U., Haist, M. (Hrsg.), KIT Scientific Publishing, Karlsruhe, 2010, S. 67-72

[3] Breitenbücher, R.; Youn, B.-Y.: Hygrisch bedingte Risse. In: 7. Symposium Baustoffe und Bauwerkserhaltung – Beherrschung von Rissen im Beton. Müller, H. S., Nolting, U., Haist, M. (Hrsg.), KIT Scientific Publishing, Karlsruhe, 2010, S. 13-22

[4] Nietner, L.: Thermisch bedingte Risse. In: 7. Symposium Baustoffe und Bauwerkserhaltung – Beherrschung von Rissen im Beton. Müller, H. S., Nolting, U., Haist, M. (Hrsg.), KIT Scientific Publishing, Karlsruhe, 2010, S. 23-32

[5] Schnell, J.: Statisch und dynamisch bedingte Risse. In: 7. Symposium Baustoffe und Bauwerkserhaltung – Beherrschung von Rissen im Beton. Müller, H. S., Nolting, U., Haist, M. (Hrsg.), KIT Scientific Publishing, Karlsruhe, 2010, S. 33-40

[6] Günter, M.; Ruckenbrod, C.: Risse – Erkennen, Einordnen und Untersuchen. In: 7. Symposium Baustoffe und Bauwerkserhaltung – Beherrschung von Rissen im Beton. Müller, H. S., Nolting, U., Haist, M. (Hrsg.), KIT Scientific Publishing, Karlsruhe, 2010, S. 41-66

[7] Bosold, D.: Rissfreie Architektur? In: 7. Symposium Baustoffe und Bauwerkserhaltung – Beherrschung von Rissen im Beton. Müller, H. S., Nolting, U., Haist, M. (Hrsg.), KIT Scientific Publishing, Karlsruhe, 2010, S. 73-76

[8] Flohrer, C.: Instandsetzung von Rissen. In: 7. Symposium Baustoffe und Bauwerkserhaltung – Beherrschung von Rissen im Beton. Müller, H. S., Nolting, U., Haist, M. (Hrsg.), KIT Scientific Publishing, Karlsruhe, 2010, S. 77-82

[9] Mechtcherine, V.: Rissbeherrschung durch Faserbewehrung. In: 7. Symposium Baustoffe und Bauwerkserhaltung – Beherrschung von Rissen im Beton. Müller, H. S., Nolting, U., Haist, M. (Hrsg.), KIT Scientific Publishing, Karlsruhe, 2010, S. 83-94

[10] Verein Deutscher Zementwerke e. V. (Hrsg.): Zement-Merkblatt: Risse im Beton. Fassung 02.2003

[11] Brameshuber, W.: Bruchmechanische Eigenschaften von jungem Beton. Dissertation, Universität Karlsruhe, Schriftenreihe des Instituts für Massivbau und Baustofftechnologie, Heft 5, Karlsruhe, 1988

[12] Mechtcherine, V.: Bruchmechanische und fraktologische Untersuchungen zur Rissausbreitung in Beton. Dissertation, Universität Karlsruhe, Schriftenreihe des Instituts für Massivbau und Baustofftechnologie Heft 40, Karlsruhe, 2000

[13] Kustermann, A.: Einflüsse auf die Bildung von Mikrorissen im Betongefüge. Dissertation, Universität der Bundeswehr, München, 2005

[14] Sunderland, H.; Tolou, A.; Huet, C.: Multilevel numerical microscopy and tri-dimensional recon-

struction of concrete microstructure. In: Proceedings of JMX 13, Micromechanics of concrete and cementitious composites, Lausanne, 1993, S. 171-179 und 35-43

[15] Rehm, G.; Diehm, P.; Zimbelmann, R.: Technische Möglichkeiten zur Erhöhung der Zugfestigkeit von Beton. Deutscher Ausschuss für Stahlbeton (Hrsg.), Heft 283, Beuth Verlag, Berlin, 1977

[16] Hariri, K.: Bruchmechanisches Verhalten jungen Betons. Deutscher Ausschuss für Stahlbeton (Hrsg.), Heft 509, Beuth Verlag, Berlin, 2000

[17] Schorn, H.: Damage process and fracture mechanism of uniaxially loaded concrete. In: Proceedings of JMX 13, Micromechanics of concrete and cementitious composites, Lausanne, 1993

[18] Bažant, Z. P.; Oh, B. H.: Crack band theory for fracture of concrete. In: Materials and Structures 16 (1983) Nr. 93, S. 155-177

[19] Foos, S.: Unbewehrte Betonfahrbahnplatten unter witterungsbedingten Beanspruchungen. Dissertation, Universität Karlsruhe, Schriftenreihe des Instituts für Massivbau und Baustofftechnologie Heft 56, Karlsruhe, 2006

[20] Müller, H. S.; Kvitsel, V.: Kriechen und Schwinden von Beton. In: Beton- und Stahlbetonbau 97 (2002) Heft 1, S. 8-19

[21] Gutsch, A.-W.: Stoffeigenschaften jungen Betons – Versuche und Modelle. Deutscher Ausschuss für Stahlbeton (Hrsg.), Heft 495, Beuth Verlag, Berlin, 1999

[22] American Concrete Institute ACI (Hrsg.): Report on early-age cracking – causes, measurement and mitigation. ACI Committee 231, Report No. ACI 231R-10, Farmington Hills, USA, 2010

[23] Breitenbücher, R.; Mangold, M.: Minimization of thermal cracking in concrete members at early ages. In: Thermal cracking in concrete at early ages, Springenschmid, R. (Hrsg.), E&FN Spon, London, Großbritannien, 1994, S. 205-212

[24] Stark, J.; Wicht, B.: Dauerhaftigkeit von Beton. Birkhäuser Verlag, Basel, Schweiz, 2001

[25] Fleischer, W.: Einfluß des Zements auf schwinden und Quellen von Beton. Dissertation, Berichte aus dem Baustoffinstitut, TH München, 1992

[26] Grube, H.: Ursachen des Schwindens von Beton und Auswirkungen auf Betonbauteile. Schriftenreihe der Zementindustrie, Heft 52, Verein Deutscher Zementwerke e. V., Düsseldorf, 1991

[27] Thomas, M. D. A.; Mukherjee, P. K.: The Effect of Slag on Thermal Cracking in Concrete. In: Thermal Cracking in Concrete at Early Ages, RILEM Proceedings 25, Springenschmid, R. (Hrsg.), E&FN Spon, London, Großbritannien, S. 197-204

[28] Müller, H. S.; Guse, U.; Schneider, E.: Leistungsfähigkeit von Beton mit Flugasche. In: Beton- und Stahlbetonbau 100 (2005) H. 8, S. 693-704

[29] Lutze, D.; vom Berg, W. (Hrsg.): Handbuch Flugasche im Beton. Verlag Bau+Technik, 2008

[30] Dettling, H.: Die Wärmeausdehnung des Zementsteins, der Gesteine und der Betone. Dissertation, TH Stuttgart, 1961

[31] Grübl, P.; Weigler, H.; Karl, S.: Beton – Arten, Herstellung und Eigenschaften. Ernst & Sohn Verlag, Berlin, 2001

[32] Edvardsen, C. K.: Wasserdurchlässigkeit und Selbstheilung von Trennrissen in Beton. Deutscher Ausschuss für Stahlbeton (Hrsg.), Heft 455, Beuth Verlag, Berlin, 1996

[33] Commission 42-CEA: Properties of Set Concrete at Early Ages – State of the Art Report. Materials and Structures 14 (1981) Nr. 14, S. 399-449

[34] Verein Deutscher Zementwerke e. V. (Hrsg.): Zement-Merkblatt: Massige Bauteile aus Beton.

[35] Verein Deutscher Zementwerke e. V. (Hrsg.): Zement-Merkblatt: Nachbehandlung von Beton. Fassung 09.2009

[36] Deutscher Beton- und Bautechnik-Verein e. V. (Hrsg.): DBV-Sachstandbericht Betonoberfläche-Betonrandzone. Fassung 1996/2004

[37] Deutscher Beton- und Bautechnik-Verein e. V. (Hrsg.): Merkblatt Sichtbeton. Fassung 2004

[38] Hearn, N.: Self-sealing, autogenous healing and continued hydration – What is the difference? In: Materials and Structures 31 (1998), S. 563-567

[39] Reinhardt, H.-W.; Joos, M.: Permeability and self-healing of cracked concrete as a function of temperature and crack width. In: Cement and Concrete Research 33 (2003), S. 981-985

[40] Malárics, V.: Ermittlung der Betonzugfestigkeit aus dem Spaltzugversuch bei normalfesten und hochfesten Betonen. Dissertation, Karlsruher Institut für Technologie, Karlsruhe, 2010

[41] Bohner, E., Müller, H.S.: Modelling of reinforcement corrosion – Investigations on the influence of shrinkage and creep on the development of concrete cracking in the early propagation stage of reinforcement corrosion. In: Materials and Corrosion 57 (2006), Nr. 12, S. 940-944

[42] Bohner, E., Müller, H.S., Bröhl, S.: Investigations on the mechanism of concrete cover cracking due to reinforcement corrosion. In: 7th International Conference on Fracture Mechanics of Concrete and Concrete Structures (FraMCoS-7), Oh, B.H. et al. (ed.), Jeju, Korea, 2010

[43] Herold, G., Müller, H.S., Dauerhaftigkeit von CEM II/A-LL-Zementen im Vergleich zu CEM I-Zementen. In: Beton (2005), Nr. 4, S. 164-169

[44] Ziegeldorf, S.; Müller, H. S.; Hilsdorf, H. K.: Effect of aggregate particle size on mechanical properties of concrete. In: Proceedings of the 5th International Conference on Fracture (ICF 5) "Advances in Fracture Research", Francois, D. (Hrsg.), Cannes, Frankreich, 1981, Pergamon Press, Oxford, Vol. 5, 1982, S. 2243-2252

[45] Hillerborg, A.; Modéer, M.; Petersson, P.-E.: Analysis of crack formation and crack growth in concrete by means of fracture mechanics and finite elements. Cement and Concrete Research 6 (1976), S. 773-782

# Hygrisch bedingte Risse

Rolf Breitenbücher und Bou-Young Youn


## Zusammenfassung

Das Schwinden von Beton führt zu Verformungen, die bei Behinderung Zwangs-/Eigenspannungen im Betonbauteil hervorrufen können. Überschreiten diese die Zugfestigkeit des Betons, können z.B. Oberflächenrisse oder Trennrisse entstehen, die die Gebrauchstauglichkeit und die Dauerhaftigkeit des Betonbauteils nachteilig beeinflussen können. Beim Schwinden werden grundsätzlich vier Mechanismen unterschieden: das Kapillarschwinden (Frühschwinden), das chemische Schwinden, das Karbonatisierungsschwinden und das Trocknungsschwinden. Letzteres ist insbesondere im Hinblick auf die Rissbildung in Betonbauteilen von großer Bedeutung. Vor diesem Hintergrund müssen solche lastunabhängigen Verformungen durch entsprechende betontechnologische und ausführungstechnische Maßnahmen so weit wie möglich reduziert werden. Mit Hilfe der Ansätze aus DIN 1045-1 bzw. DAfStb Heft 525 kann das Schwindverhalten des Betons abgeschätzt werden. Dieser Beitrag geht neben den hygrisch bedingten Verformungsmechanismen auch auf einbau- und verarbeitungstechnologische Einflüsse zur Rissminimierung ein.


## 1 Einleitung

Werden Verformungen aus Schwinden und/oder infolge abfließender Hydratationswärme durch äußeren Zwang behindert, kommt es zu Zwangszugspannungen im Bauteil. Überschreiten diese die Zugfestigkeit des Betons, entstehen Risse. Sind dabei gleichmäßige Verformungen über den gesamten Querschnitt behindert, führen die zentrischen Zwangsspannungen zu durchgehenden Trennrissen. Liegt über dem Bauteilquerschnitt ein Feuchtegradient vor, z.B. oben trocken - unten feucht, werden bei Behinderung der mit einhergehenden Verwölbung Biegezwangsspannungen hervorgerufen, die zu keilförmigen Biegerissen führen können. Verformungen infolge mehr oder weniger symmetrischer Änderungen von Temperatur und/oder Feuchtigkeit innerhalb des Betonquerschnitts rufen Eigenspannungen hervor, welche im Gleichgewicht miteinander stehen. Infolgedessen werden in diesem Fall auch keine Schnittgrößen generiert. Eigenspannungen sind bei austrocknenden Bauteilen durch Zugspannungen in der Randzone und Druckspannungen im Inneren gekennzeichnet. Als Folge können sich Netzrisse im oberflächennahen Bereich (Oberflächenrisse) ausbilden.

Da Lagerungsbedingungen, die zu Zwängungen führen, in Praxis in den meisten Fällen nie ganz ausgeschaltet werden können, muss es zur Vermeidung solcher zwangsbedingten Rissbildungen daher das Ziel sein, solche lastunabhängigen Verformungen durch entsprechende betontechnologische und ausführungstechnische Maßnahmen so gering wie möglich zu halten. Im Folgenden werden diesbezüglich hygrisch bedingte Verformungen des Betons detaillierter betrachtet.

## 2 Hygrisch bedingte Verformungen

Verformungen von Beton werden in lastabhängige (elastische Verformung, Kriechen etc.) und lastunabhängige Formänderungen differenziert. Letztere werden durch Temperaturänderungen, Änderungen durch chemische Reaktionen (Alkali-Kieselsäure-Reaktion AKR, Sulfattreiben etc.) oder Änderungen des Feuchtehaushalts (Schwinden und Quellen) im Frisch- und Festbeton hervorgerufen [11]. Abb. 1 gibt einen Überblick über die unterschiedlichen Verformungen von Beton.

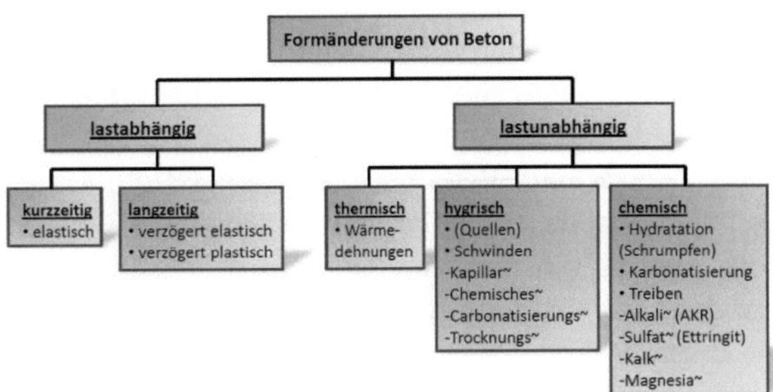


Abb. 1: Formänderungen von Beton

Hygrisch bedingte Verformungen (Schwinden und Quellen) sind Eigenverformungen des Betons, die lastunabhängige, lang andauernde Volumenänderungen des zementgebundenen Werkstoffs umfassen und durch Feuchtigkeitsänderungen in den Poren des Zementsteins verursacht werden. Schwinden zeichnet sich durch eine durch Austrocknung bedingte Volumenverringerung aus. Demgegenüber wird eine durch Feuchtezufuhr verursachte Volumenzunahme als Quellen bezeichnet [11].

Schwinden und Quellen sind i. d. R. lineare, eindimensionale Formänderungen. Die Austrocknung beginnt in den äußeren Schichten und schreitet nach innen fort. Das Schwinden wird jedoch durch den noch feuchten und nicht schwindenden Kern behindert, wodurch Eigenspannungen im Bauteil entstehen, d.h. am Querschnittsrand treten Zug- und im Kern Druckspannungen auf (vgl. oben). Überschreiten diese Eigenspannungen die Festigkeit des Materials, erhöht sich das Risiko einer Rissbildung und es treten im Randbereich Oberflächenrisse bzw. Schwindrisse auf. Werden Verformungen durch äußeren Zwang behindert, spricht man von Zwangsspannungen. Infolge von Biegezugspannungen bilden sich Biegerisse aus, welche ungefähr senkrecht zur Biegezugbewehrung verlaufen. Risse infolge zentrischen Zwangsspannungen stellen sich als Trennrisse dar und verlaufen durch den gesamten Querschnitt [11], [15], [29], [31]. Das Ausmaß der hygrisch bedingten Verformung im Zementstein/Beton wird im Wesentlichen von der relativen Luftfeuchtigkeit, den Abmessungen des Bauteils sowie der Zusammensetzung des Betons beeinflusst.

Beim Schwinden werden grundsätzlich vier verschiedene Mechanismen unterschieden, die insbesondere verschiedene Zeitphasen berücksichtigen:

- Kapillarschwinden (Frühschwinden, plastisches Schwinden)
- Chemisches Schwinden
- Karbonatisierungsschwinden
- Trocknungsschwinden

## 3 Kapillarschwinden

Das Kapillarschwinden, auch als plastisches Schwinden oder Frühschwinden bezeichnet, entsteht durch Kapillarspannungen während der Verdunstung von Wasser aus dem noch frischen Beton. Dabei entsteht insbesondere im oberflächennahen Bereich des Betons ein kapillarer Unterdruck, welcher eine anziehende Kraft auf die Feststoffpartikel im Frischbeton bewirkt und zu einer dichteren Lagerung führt (siehe Abb. 2).

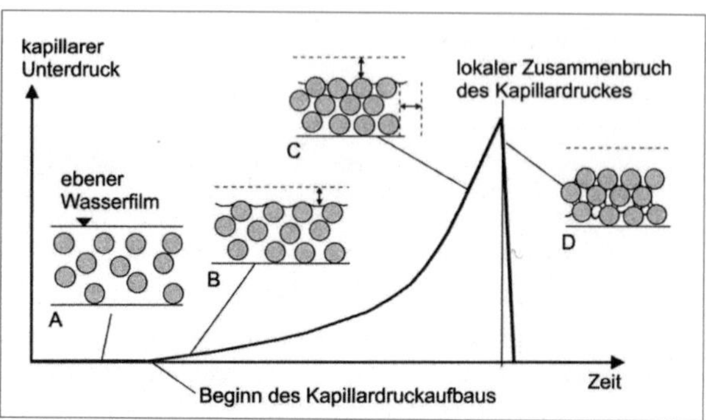


Abb. 2: Frühschwinden von Beton durch kapillaren Unterdruck [25]

Diese Erscheinung kennzeichnet sich durch eine äußere Volumenkontraktion des plastischen Betongefüges. Die daraus resultierenden Kapillar- oder Frühschwindrisse erscheinen netzartig an der Oberfläche und verlaufen einige Zentimeter tief in den Beton (Abb. 3).

Abb. 3: Typische Frühschwindrisse in Beton

Dieser Effekt wird durch hohe Windgeschwindigkeiten, niedrige relative Luftfeuchtigkeit und hoher Betontemperatur begünstigt, wodurch sich signifikante Wasserverluste an der frischen Betonoberfläche ergeben können (Abb. 4). Dabei wird neben der Entwicklung der hygrischen Verformungen auch die Hydratation in dieser Randzone stark beeinträchtigt. Insbesondere bei mangelhafter oder fehlender Nachbehandlung kann das Schwindmaß in dieser Phase im oberflächennahen Bereich auf - 4 mm/m bis -6 mm/m anwachsen [15], [27], [31], [34], [38].

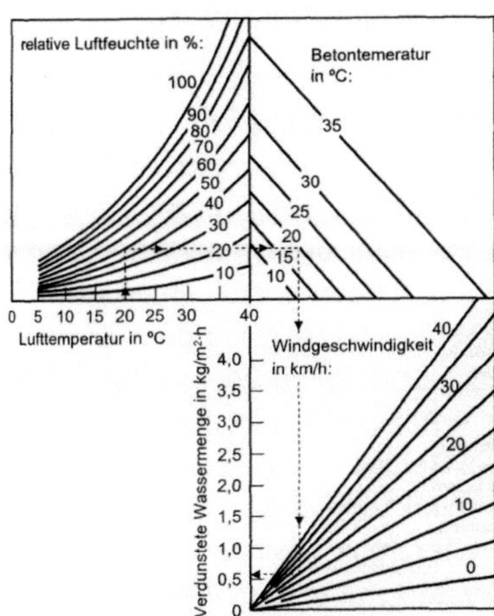


Abb. 4: Wasserverlust in Abhängigkeit der Windgeschwindigkeit, der Temperatur, der relativen Feuchtigkeit der Luft sowie der Betontemperatur [1]

Bei hohen relativen Luftfeuchtigkeiten von etwa 85 % rel. F. und niedriger Betontemperatur sind die Kapillarporen wassergesättigt, wodurch keine Austrocknung stattfinden und somit die Hydratation fortschreiten kann [18].

Neben den klimatischen Bedingungen wird das Kapillarschwinden durch das Zementleimvolumen, das Wasserrückhaltevermögen und die Nachbehandlung maßgeblich beeinflusst.

Besonders bei selbstverdichtenden und fließfähigen Betonen wird das Kapillarschwinden durch das so genannte „Bluten" intensiviert. Die verstärkte Sedimentation der Feststoffpartikel ist mit einer verstärkten Absonderung des Wassers an der Betonoberfläche verbunden, welches dort verdunstet [11].

Durch Zugabe von Kunststofffasern können Risse infolge Frühschwindens vermieden oder durch Nachverdichten noch geschlossen werden [27].

## 4 Chemisches Schwinden und autogenes Schwinden

Als chemisches Schwinden wird die Volumenkontraktion im Verlauf der Hydratation beschrieben. Diese ist auf die Volumenverminderung des Zementleims von etwa 6 cm³/100 g Zement bei der Erhärtung bis zur vollständigen Hydratation zurückzuführen (Abb. 5). Dabei werden Wassermoleküle in die Hydratationsprodukte (CSH) chemisch eingebunden, welche ein geringeres Volumen als die Ausgangskomponenten Zement und Wasser aufweisen. Dadurch werden für das Volumen des Zementsteins rd. 25 % des chemisch gebundenen Wassers nicht mehr wirksam.

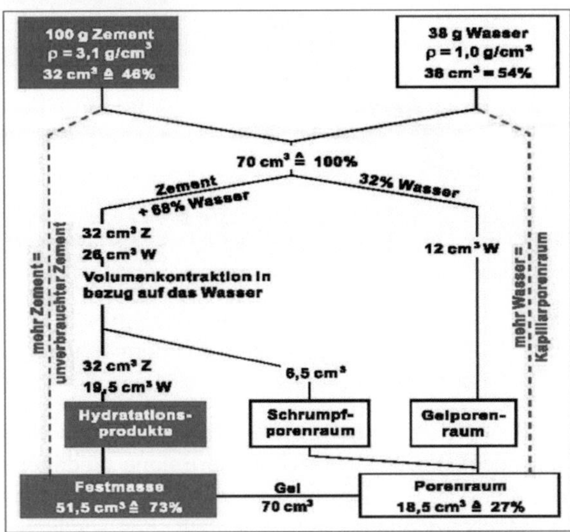


Abb. 5: Chemisches Schwinden im Zementstein

Allerdings ist beim chemischen Schwinden in der Praxis unter gängigen Randbedingungen eine äußere Volumenkontraktion zunächst nicht festzustellen. Erst nach dem Erstarrungsbeginn kommt es zu einer Selbstaustrocknung des Zementsteins, dem so genannten „autogenen Schwinden" (Abb. 6). Dabei entstehen durch die innere Austrocknung leere Schrumpfporen, die einen Unterdruck hervorrufen. Bei herkömmlichen Betonen mit w/z-Werten über etwa 0,40 ... 0,45 sind ausreichend Kapillarporen vorhanden, die einen entsprechenden Druckausgleich mit der Umgebung und damit eine wirkliche Kontraktion herbeiführen [11], [27].

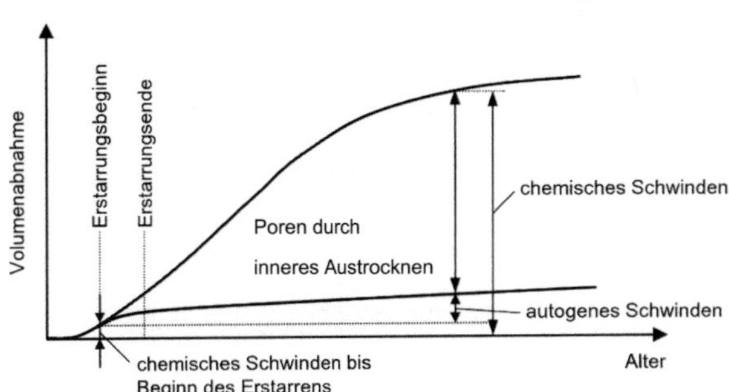


Abb. 6: Chemisches Schwinden [28]

Das Ausmaß des chemischen Schwindens hängt im Wesentlichen vom w/z-Wert ab. Während das chemische Schwinden bei üblichen Praxisbetonen bis zu -0,1 mm/m betragen kann, erreichen hochfeste Betone mit w/z-Werten von 0,40 ein Schwindmaß von -0,15 mm/m bis -0,25 mm/m (Abb. 7) [31].

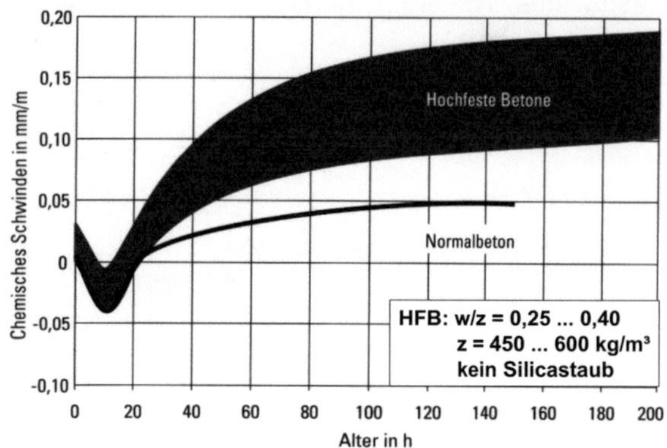


Abb. 7: Chemisches Schwinden von normal- und hochfesten Betonen

Im Vergleich zu praxisüblichen Normalbetonen weisen hochfeste und ultrahochfeste Betone niedrigere w/z-Werte im Bereich von 0,25 und 0,40 sowie höhere Mehlkorngehalte auf. Aufgrund des geringen Wassergehalts steht daher nur wenig Wasser für die Hydratation zur Verfügung, was in einer frühen und verstärkten Selbstaustrocknung resultiert und damit verbunden eine Mikrorissbildung begünstigt. Die Ursache hierfür ist die Volumendifferenz der Hydratationsprodukte und der nicht hydratatisierten Ausgangsstoffe. Die durch autogenes Schwinden entstehenden Spannungen überlagern sich mit denen infolge abfließender Hydratationswärme, wodurch die Reißneigung hochfester Betone im Vergleich zu Normalbetonen zunimmt [30]. Demgegenüber nimmt das Trocknungsschwinden mit sinkendem w/z-Wert ab (s. Kapitel 6).

Im Vergleich zu Normalbetonen können folgende qualitative Unterschiede zum Schwindverhalten zusammengefasst werden [19], [37]:

- Das Gesamtschwinden ist anfangs höher, im späteren Verlauf aber auf nahezu gleichem Niveau oder sogar geringer.
- Das Trocknungsschwinden geht zurück, während das chemische Schwinden erheblich zunimmt.
- Kapillar- und Karbonatisierungsschwinden sind vernachlässigbar.
- Der Einfluss der Bauteilabmessungen nimmt ab.

Da das chemische Schwinden mit dem Hydratationsgrad korreliert, lässt sich dieses nicht verhindern. Trotz allem kann das Ausmaß des chemischen Schwindens vermindert werden, indem vornehmlich in den Randzonen, wo die charakteristischen Schwindrisse auftreten, Wasser zum Nachsaugen zur Verfügung steht. Bei Betonen mit niedrigen w/z-Werten, welche ein sehr dichtes Gefüge aufweisen und somit Wasser nur noch in geringem Maß aufnehmen können, kann die Erhärtungsphase durch teilweisen Austausch von Zement gegen Flugasche verlangsamt werden [27].

## 5 Karbonatisierungsschwinden

Karbonatisierungsschwinden entsteht durch die Reaktion des in der Umgebungsluft enthaltenen Kohlendioxids mit dem Calciumhydroxid im Zementstein [2], [16], [39]. Infolge der Karbonatisierung verändern sich die Porosität der Struktur und damit verbunden auch die Gleichgewichtsfeuchte im Inneren des Gefüges. Es wird Wasser aus dem Zementstein freigesetzt, welcher dadurch bei gleicher relativer Luftfeuchtigkeit weniger Wasser enthält als das nicht karbonatisierte Gefüge, was zu einer entsprechenden Volumenkontraktion führt.

Durch Karbonatisierungsschwinden können nur wenig tiefe Krakeleerisse in der Betonrandzone auftreten, die weder die Standsicherheit eines Bauwerks noch dessen Dauerhaftigkeit (Korrosions- und Frostwiderstand des Betons) in zu berücksichtigendem Ausmaß beeinträchtigen. Da das Karbonatisierungsschwinden nur in der schmalen, karbonatisierten Randzone stattfindet, muss es bei der Bemessung von Bauteilen (einschließlich der Festlegung einer rissbreitenbeschränkenden Mindestbewehrung) nicht berücksichtigt werden [31].

## 6 Trocknungsschwinden

### 6.1 Ursachen des Schwindens

Unter Trocknungsschwinden versteht man die äußere Verformung des erhärtenden Betons durch allmähliche Verdunstung von freiem Wasser aus dem Betongefüge an die Umgebungsluft (Abb. 8). Dies resultiert in einer lastunabhängigen Verkürzung des Betons [3].

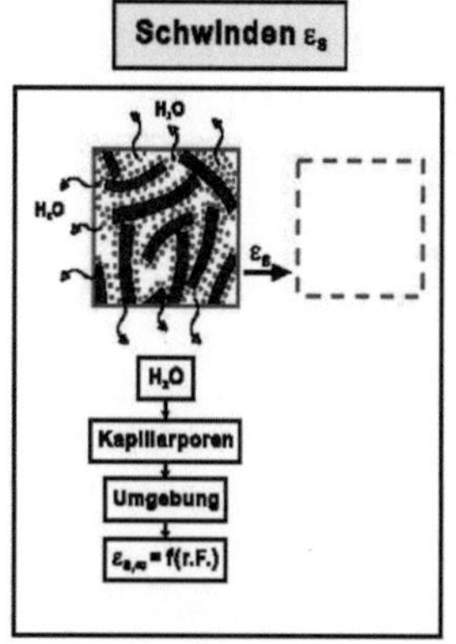


Abb. 8: Schwinden $\varepsilon_S$

Im Vergleich zum chemischen Schwinden verläuft das Trocknungsschwinden unabhängig von der Hydratation. Bei bautechnischen Betrachtungen, insbesondere hinsichtlich Rissbildung in Betonbauteilen, spielt das Trocknungsschwinden im Vergleich zu den anderen hier aufgezeigten Schwindformen i. d. R. die dominierende Rolle.

### 6.2 Zeitliche Entwicklung des Schwindens

Je nach Austrocknungsbedingungen und Bauteildicke kann es Jahre dauern, bis ein Bauteil seine Gleichgewichtsfeuchte erreicht hat und die Schwindspannungen abgebaut sind. Untersuchungen an plattenförmigen Bauteilen bei einer relativen Luftfeuchtigkeit von 50 % rel. F. ergaben nach Carlson [6] folgende Werte (siehe Tab. 1).

Tab. 1: Zeit bis zur Austrocknung in Abhängigkeit von der Bauteildicke bei 50 % rel. F. [6]

| Bauteildicke | Zeit bis zur Austrocknung |
|---|---|
| 0,15 m | 1 Monat |
| 0,45 m | 1 a |
| 1,20 m | 10 a |

### 6.3 Schwinden von Beton und Schwindbehinderung durch die Gesteinskörnung

Das Schwinden erfolgt ausschließlich im Zementstein. Die Schwindverkürzung kann in reinem Zementstein bei frühzeitigem Austrocknungsbeginn (z.B. im Alter von 1 Tag) bei 20 °C und 65 % rel.F. bis zu -3 mm/m betragen. Im Beton hängt das Schwindmaß $\varepsilon_{sb}$ in Folge maßgeblich vom Volumen des Zementsteins $V_m$ ab.

Nach Pickett [22] gilt:

$$\varepsilon_{sb} = \varepsilon_{sm} \cdot V_m^n \qquad (1)$$

Allerdings wird im Beton die Schwindverkürzung des Zementsteins durch die steifen Gesteinskörner behindert. Dies wird in obiger Gleichung durch den Exponenten n (≅ 1,5) berücksichtigt.

Je größer der E-Modul der Gesteinskörnung ist, umso stärker wird das Schwinden des umgebenden Zementsteins behindert. Ein Beton mit steifer Gesteinskörnung, wie z. B. Basalt mit einem E-Modul von rd. 100 kN/mm², weist unter den oben genannten Randbedingungen mit etwa -0,4 mm/m ein vergleichsweise geringeres Schwindmaß auf. Demgegenüber ist in Betonen mit weniger steifer Gesteinskörnung, wie z. B. Sandstein (E-Modul rd. 25 kN/mm²), mit deutlich größeren Schwindverkürzungen zu rechnen [11], [12], [24]. Das Endschwindmaß kann in Beton bei Verwendung von Gesteinskörnungen mit sehr geringen E-Modulen bis zu -1,25 mm/m betragen [31].

Bei Außenbauteilen, wie z. B. Betonfahrbahnen, verringern sich die Schwindmaße aufgrund der höheren Umgebungsfeuchte und der zyklischen Wiederbefeuchtung um etwa 50 % [12], [27].

Neben der Art der Gesteinskörnung spielt auch die Kornzusammensetzung eine wesentliche Rolle beim Schwindverhalten von Beton. Untersuchungen von Grube [15] an sandreichen und sandarmen Betonen mit gleichem Zementleimgehalt zeigten, dass feinere Gesteinskörnungen die Wirkung des aussteifenden Gerüsts der Gesteinskörnung intensivierten und einen intensiver ausgeprägten Verbund zum Zementstein aufwiesen als gröbere Gesteinskörnung. Demzufolge war das Schwindmaß bei sandreichen Betonen geringer als bei sandarmen Betonen.

### 6.4 Einfluss verschiedener Betonausgangsstoffe

Weitere Untersuchungen von Grube [15] an Zementsteinen zeigten bei Verwendung von Portlandflugaschezement und Portlandkalksteinzement ein relativ geringeres Schwinden als bei Zementsteinen mit Portlandzementen. Allerdings konnten Graf [14] und Walz [33] diese zementbedingten Unterschiede an Betonen kaum feststellen. Demgegenüber wiesen Untersuchungen von Mills [20] an Betonen mit Hochofenzementen ein relativ größeres Schwinden auf, welches auf die höhere Mahlfeinheit des Zements zurückzuführen war. Czernin [7] stellte fest, dass feiner gemahlene Zemente zu größeren Schwinddehnungen führten, während Betone mit gröber gemahlenen Zementen noch unhydratisierte Zementpartikel nach gleicher Hydratationszeit aufwiesen, welche wie ein aussteifendes Gerüst wirkten und somit eine Schwindbehinderung des Zementsteins verursachten [15].

Ferner wurde der Einfluss der chemischen Zusammensetzung des Zements auf das Schwinden untersucht. Dabei wurde mit steigendem $C_3A$-, $C_4AF$-Gehalt, steigender Mahlfeinheit und steigendem Alkaligehalt ($Na_2O$, $K_2O$) eine Schwindzunahme beobachtet [4], [5], [13], [15], [32]. Letzteres wurde auch in Untersuchungen von Fleischer [13] eindeutig nachgewiesen (Abb. 9), weshalb beispielsweise für Betonfahrbahndecken nur mehr Zemente mit niedrigem Alkaligehalt eingesetzt werden dürfen.

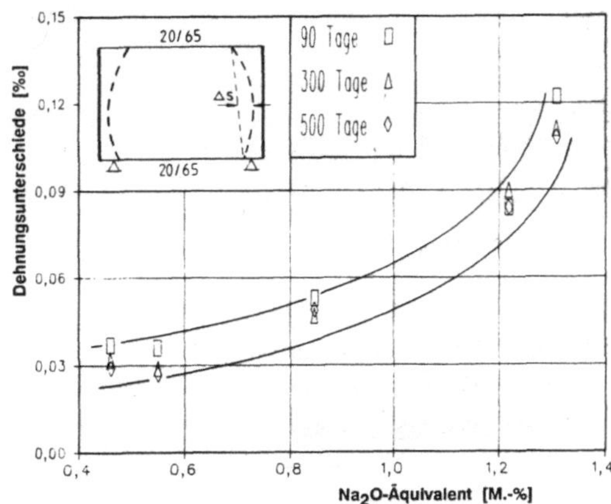


Abb. 9: $Na_2O$-Äquivalent der wasserlöslichen Alkalien der Zemente und radiales Schwinden infolge Austrocknung über die Stirnflächen von Betonzylindern bei 20 °C und 65 % rel. F. [13]

Das Zumischen von Zusatzstoffen wie Silikastaub und fein gemahlener Hüttensand führte ebenfalls zu einem verstärkten Schwinden. Die Zugabe von Zusatzmitteln, wie z.B. Luftporenbildner im Betonstraßenbau oder Fließmittel, beeinflusste nur geringfügig das Schwindverhalten des Betons. Aufgrund des größeren Durchmessers der Luftporen im Vergleich zu den Kapillarporen, können keine Kapillarspannungen aufgebaut werden, um Verformungen im Beton hervorzurufen [17], [26], [36].

### 6.5 Hochfester Beton

Hochfeste Betone weisen schon aufgrund des reduzierten Wassergehalts ein vergleichsweise geringeres Trocknungsschwinden auf. Allerdings stellt sich dort ein größeres autogenes Schwinden als bei normalfesten Betonen ein (Abb. 10). Die Ursache hierfür ist der niedrige w/z-Wert von hochfesten Betonen, wodurch das maximale Schwinden während der Hydratation des Zements infolge der inneren Selbstaustrocknung (autogenes Schwinden) erreicht wird.

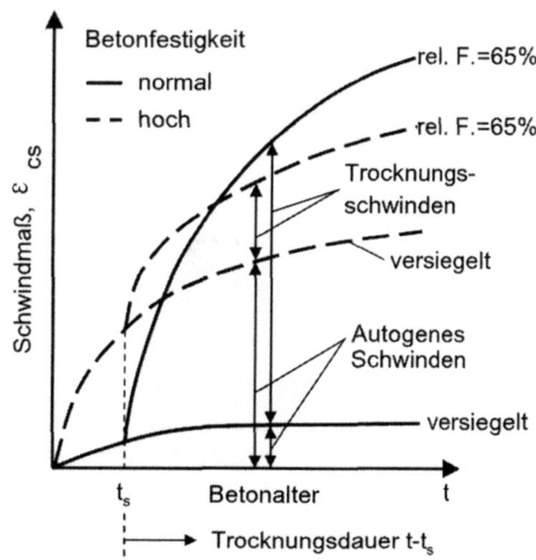


Abb. 10: Autogenes Schwinden und Trocknungsschwinden von normal- und hochfesten Betonen bei 65 % rel. F. [21]

Bei gleichen Umgebungsbedingungen und Bauteilabmessungen weisen normalfeste Betone mit w/z-Werten von 0,40 bis 0,60 und hochfeste Betone ein annähernd gleiches Gesamtschwindmaß auf, wenn das Zementsteinvolumen, der E-Modul der Gesteinskörnung sowie der Verbund Zementstein/Gesteinskörnung vergleichbar sind [15].

Nach dem Ansatz der DIN 1045-1 [9] ist in Abb. 11 der zeitliche Verlauf des gesamten Schwindens für einen normalfesten und hochfesten Beton abgebildet. Im Alter von etwa 1000 Tagen (≈ 3 Jahre) weisen beide Betone nahezu gleiche Endmaße des gesamten Schwindens von ca. -0,36 mm/m auf. Bei normalfesten Konstruktionsbetonen trägt das chemische Schwinden gegenüber dem Trocknungsschwinden relativ geringere Verformungen bei. Dagegen wird bei hochfesten Betonen aufgrund ihres niedrigen w/z-Wertes der wesentliche Teil des gesamten Schwindens bereits während der Hydratation des Zements infolge Selbstaustrocknung (autogenes Schwinden) abgeschlossen [30]. Im Alter von etwa 14 Tagen weist der hochfeste Beton bereits ca. 33 % des gesamten Schwindens auf und der normalfeste Beton nur 11 %.

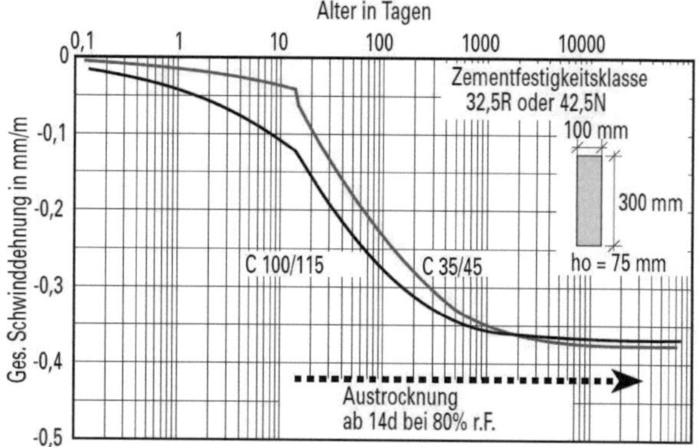


Abb. 11: Beispiel für die mittlere gesamte Schwinddehnung für normalfeste und hochfeste Betone in Abhängigkeit des Alters [21], [23], [40]

### 6.6 Massenbeton

Massenbetone erfahren in erster Linie aufgrund ihrer großen Bauteilabmessungen und der damit einhergehenden hohen Hydratationswärme Temperaturänderungen [19], [27]. Durch Veränderungen der Umgebungsfeuchte sowie Wiederbefeuchtung durch Niederschläge können aber auch Änderungen des Feuchtehaushalts im Massenbeton hervorgerufen werden. Abb. 12 zeigt schematisch die Feuchteverteilung im Querschnitt einer austrocknenden Betonwand und einer austrocknenden dickeren Betonplatte zu unterschiedlichen Zeitpunkten. Die Oberseite (O) der dickeren Betonplatte unterliegt einer gleich bleibenden „trockenen" Umgebungsfeuchte. An der Unterseite (U) ist eine Wasserverdunstung auszuschließen.

Unmittelbar nach dem Einbau des Frischbetons zum Zeitpunkt $t_1$ liegt bei beiden Bauteilen eine konstante Feuchteverteilung $F(t_1)$ vor. Durch die anschließende Wasserverdunstung bzw. Austrocknung treten in den Randzonen Schwindverformungen auf, welche jedoch durch den noch feuchten und nicht schwindenden Kern behindert werden. Es entstehen Zwangsspannungen. Im weiteren Verlauf erfasst der Austrocknungsvorgang auch die tiefer liegenden Schichten (M).

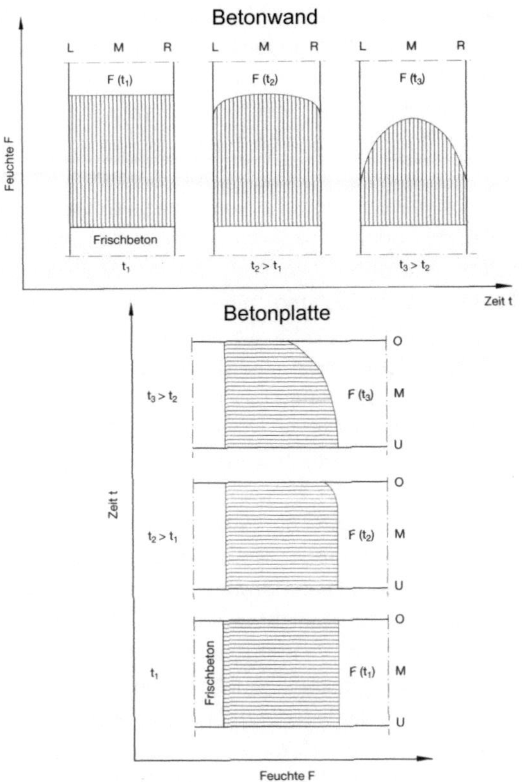


Abb. 12: Feuchteverteilung in einer austrocknenden Betonwand und in einer austrocknenden Betonplatte (schematisch) [19]

Zusammenfassend können folgende maßgebenden Einflüsse im Hinblick auf ein verstärktes Schwinden von Beton benannt werden [27], [35]:

- Hoher Wassergehalt
- Hoher Zementsteingehalt (bei gleichem w/z-Wert)
- Hoher w/z-Wert (bei gleichem Zementgehalt)
- Niedriger E-Modul der groben Gesteinskörnung
- Stark poröse Gesteinskörnungen, wie z.B. Sandstein, Muschelkalk oder rezyklierte Gesteinskörnung
- Niedrige Feuchtigkeit der Umgebungsluft
- Hohe Mahlfeinheit des Zements
- Früher Austrocknungsbeginn

### 6.7 Abschätzung der Schwindverformungen nach den Ansätzen aus DIN 1045-1 bzw. DAfStb Heft 525

Schwindverformungen werden nach dem Ansatz aus der DIN 1045-1 [9] ermittelt oder auf einer Bemessungsgrundlage nach dem DAfStb Heft 525 [8] mit Hilfe eines numerischen Rechenverfahrens unter Einbeziehung von Materialgesetzen abgeschätzt. Dabei sind die Umgebungsfeuchte, die Bauteilabmessung sowie die Betonzusammensetzung zu berücksichtigen. Der Einfluss der Betonzusammensetzung wird anhand der Zement- und Betonfestigkeitsklasse dargestellt [21], [23]. Die gesamte Schwindverformung setzt sich aus den Anteilen des chemischen Schwindens und des Trocknungsschwindens zusammen:

$$\varepsilon_{cs}(t,t_s) = \varepsilon_{cas}(t) + \varepsilon_{cds}(t,t_s) \qquad (2)$$

mit:

$\varepsilon_{cs}(t,ts)$ = Gesamtschwindmaß zum Zeitpunkt t
$\varepsilon_{cas}(t)$ = Maß des chem. Schwindens zum Zeitpunkt t
$\varepsilon_{cds}(t)$ = Maß des Trocknungschwindens zum Zeitpunkt t
t = Betonalter [d] zum betrachteten Zeitpunkt
$t_s$ = Betonalter [d] zu Beginn des Schwindens

Die ermittelten Schwindmaße gelten nur für normal- und hochfeste Konstruktionsbetone, die eine Nachbehandlungsdauer von 14 Tagen nicht überschreiten und bei üblichen klimatischen Bedingungen von 10 bis 30 °C und 40 bis 100 % rel. F. exponiert sind [9]. Bei konstanten Lagerungsbedingungen nähert sich das Schwinden einem Endwert zu. Aus Abb. 13 können die Endmaße des chemischen Schwindens unter Berücksichtigung der Zement- und Betonfestigkeitsklasse abgeschätzt werden.

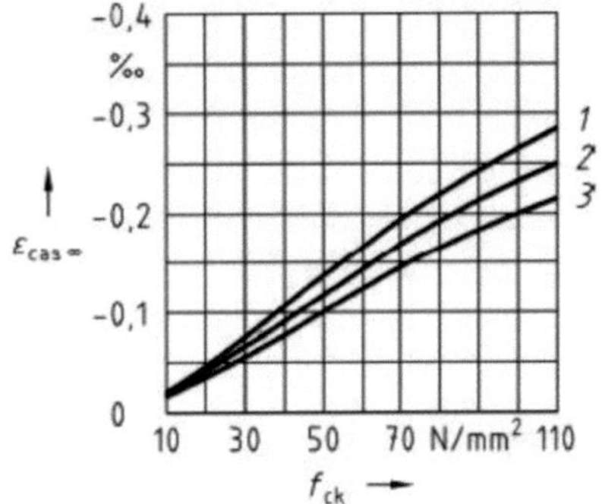


mit: 1 = Zementfestigkeitsklasse 32,5 N
2 = Zementfestigkeitsklasse 32,5 R; 42,5 N
3 = Zementfestigkeitsklasse 42,5 R; 52,5 N; 52,5 R

Abb. 13: Endmaße des chemischen Schwindens

Aus Abb. 14 können die Endmaße des Trocknungsschwindens für einen Betonbalken bei einer relativen Luftfeuchtigkeit von 50 bis 80 % rel. F. entnommen werden.

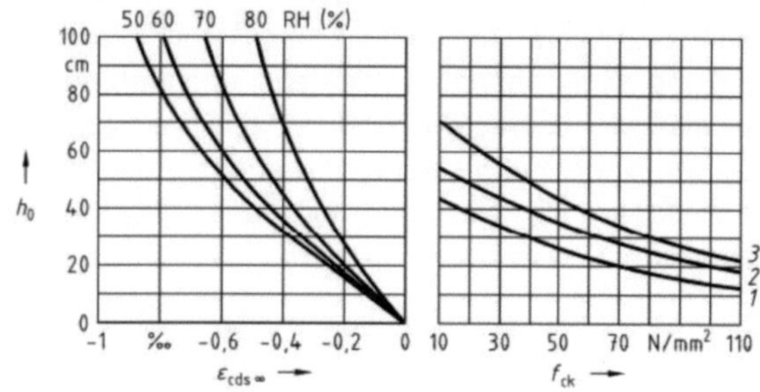


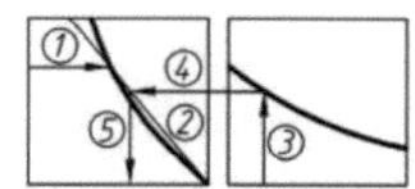


mit: $h_0$ = wirksame Querschnittsdicke $2\,A_c/u$ [cm]

$A_c$ = Querschnittsfläche

u = Umfang des Querschnitts

Abb. 14: Endmaße des Trocknungsschwindens

# 7 Einbau- und Verarbeitungstechnologische Einflüsse

## 7.1 Verarbeitung des Betons

Neben den oben dargelegten betontechnologischen Einflüssen sind zur Reduzierung der Rissgefahr infolge behinderter hygrischer Verformungen auch einbau- und verarbeitungstechnische Aspekte zu beachten. Bei der Herstellung von Bodenplatten muss die Sauberkeitsschicht eben und sauber sein, um möglichst wenig Zwang auszuüben. Grundsätzlich muss darauf geachtet werden, dass der Beton beim Einbau, z. B. durch Begrenzung der freien Fallhöhe, und Verdichten nicht entmischt.

Frühschwindrisse und Sackungsrisse können sowohl in Bodenplatten als auch in Wänden durch Nachverdichtung behoben werden. Eine solche Nachverdichtung muss jedoch unbedingt vor dem Ende der Verarbeitbarkeitszeit erfolgen.

## 7.2 Nachbehandlung

Betone sind durch adäquate und frühzeitige Nachbehandlung vor Austrocknung zu schützen, um Risse an der Betonoberfläche zu vermeiden. Desweiteren hinaus soll das Gefüge dicht ausgebildet und somit die planmäßige Festigkeit erreicht werden. Steht der Betonoberfläche nicht ausreichend Feuchtigkeit zur Verfügung, trocknen die Kapillarporen im oberflächennahen Betongefüge aus und die Hydratation kommt von außen nach innen fortschreitend zum Stillstand. Dieser Effekt wirkt sich ungünstig auf die Materialeigenschaften, insbesondere in der Randzone, aus [27].

Bedenkliche Anzeichen für eine sehr frühe Austrocknung des Betons sind Risse infolge von Frühschwinden in jungen Oberflächen. Um den jungen Beton vor Austrocknung zu schützen, können wasserhaltende oder wasserzuführende Maßnahmen getroffen werden. Wasserhaltende Maßnahmen umfassen die Abdeckung mittels Folien, das Belassen in der Schalung oder die Applikation von flüssigen Nachbehandlungsmitteln, während Lagerung unter Wasser, wasserspeichernde Abdeckung oder Besprühen mit Wasser den wasserzuführenden Maßnahmen zugeordnet werden. Letztere sind bei erhöhter Gefahr einer Schwindrissbildung, die durch anfängliches Quellen der oberen Randzone und später durch stärkeres Schwinden hervorgerufen wird, anzuwenden. Dies beruht darauf, dass Estriche und andere dünne Schichten von den tiefer liegenden Schichten kein Wasser nachsaugen können und daher besonders schnell austrocknen. Demgegenüber erwies sich die wasserzuführende Nachbehandlung bei hochfesten Betonen aufgrund der ausreichenden Menge an Wasser vorteilhaft, um eine fortschreitende Hydratation der rissempfindlichen Randzonen gewährleisten zu können. Somit kann eine Rissbildung durch Frühschwinden und autogenes Schwinden verhindert werden. Auch bei exponierten Betonflächen, wie z. B. Bodenplatten, erwies sich diese Methode der Nachbehandlung günstig. Flüssige Nachbehandlungsmittel sollten vor Aufsprühen auf die Betonoberfläche auf ihre Verträglichkeit mit später aufzubringenden Schichten (z. B. Verbundestrich, Beschichtung) untersucht werden.

Bei hohen relativen Luftfeuchtigkeiten von etwa 85 % rel.F. sind aufgrund der Kapillarkondensation keine Maßnahmen der Nachbehandlung erforderlich [18].

Der Beton sollte entsprechend der Mindestnachbehandlungsdauer nach DIN 1045-3 [10] so lange vor Austrocknung geschützt werden, bis dieser mindestens 50 % der charakteristischen Festigkeit erreicht hat. Bei höheren Beanspruchungen der Betonoberfläche wird eine Mindestnachbehandlungsdauer nach ZTV-ING [41] gefordert, bis der Beton mindestens 70 % der charakteristischen Festigkeit aufweist. Die notwendige Dauer der Feuchthaltung hängt von der Festigkeitsentwicklung (Verhältnis r der 2-Tage- zur 28-Tage-Druckfestigkeit) und der Oberflächentemperatur des Betons ab (Abb. 15).

| Nr. | 1 | 2 | 3 | 4 | 5 |
|---|---|---|---|---|---|
| | Oberflächentemperatur $\vartheta$ in °C[e] | Mindestdauer der Nachbehandlung in Tagen[a] | | | |
| | | Festigkeitsentwicklung des Betons[a] $r = f_{cm2}/f_{cm28}$[d] | | | |
| | | schnell | mittel | langsam | sehr langsam |
| | | $r \geq 0{,}50$ | $r \geq 0{,}30$ | $r \geq 0{,}15$ | $r < 0{,}15$ |
| 1 | $\vartheta \geq 25$ | 1 | 2 | 2 | 3 |
| 2 | $25 > \vartheta \geq 15$ | 1 | 2 | 4 | 5 |
| 3 | $15 > \vartheta \geq 10$ | 2 | 4 | 7 | 10 |
| 4 | $10 > \vartheta \geq 5$[b] | 3 | 6 | 10 | 15 |

a Bei mehr als 5 h Verarbeitbarkeitszeit ist die Nachbehandlungsdauer angemessen zu verlängern.

b Bei Temperaturen unter 5 °C ist die Nachbehandlungsdauer um die Zeit zu verlängern, während der die Temperatur unter 5 °C lag.

c Die Festigkeitsentwicklung des Betons wird durch das Verhältnis der Mittelwerte der Druckfestigkeiten nach 2 Tagen und nach 28 Tagen (ermittelt nach DIN EN 12390-3) beschrieben, das bei der Eignungsprüfung oder auf der Grundlage eines bekannten Verhältnisses von Beton vergleichbarer Zusammensetzung (d. h. gleicher Zement, gleicher *w/z*-Wert) ermittelt wurde. Wird bei besonderen Anwendungen die Druckfestigkeit zu einem späteren Zeitpunkt als 28 Tage bestimmt, ist für die Ermittlung der Nachbehandlungsdauer der Schätzwert des Festigkeitsverhältnisses entsprechend aus dem Verhältnis der mittleren Druckfestigkeit nach 2 Tagen ($f_{cm,2}$) zur mittleren Druckfestigkeit zum Zeitpunkt der Bestimmung der Druckfestigkeit zu ermitteln oder eine Festigkeitsentwicklungskurve bei 20 °C zwischen 2 Tagen und dem Zeitpunkt der Bestimmung der Druckfestigkeit anzugeben.

d Zwischenwerte dürfen eingeschaltet werden.

e Anstelle der Oberflächentemperatur des Betons darf die Lufttemperatur angesetzt werden.

Abb. 15: Mindestnachbehandlungsdauer nach DIN 1045-3 [10]

## 8 Literatur


[1] ACI 77 Committee 305 (1977) Hot weather concreting. Journal of the American Concrete Institute 74, 7, p. 317

[2] Adolphs, J. (2006) Karbonatisierung in den CSH-Gelporen bei niedrigen Luftfeuchten? 16. Internationale Baustofftagung „ibausil", Tagungsbericht - Band 2, Bauhaus-Universität Weimar, S. 611-618

[3] Alawieh, H. (2003) Studien zum Schwinden und Quellen unterschiedlicher Zementstrukturen. Beiträge zum 43. Forschungskolloquium, DAfStb, S. 157-168

[4] Blaine, R. L. (1968) A Statistical Study of the Effects of Trace Elements on the Properties of Portland Cements. Proc. 5th International Symposium Chemistry of Cement, Tokyo, Vol. III, pp. 86-91

[5] Breitenbücher, R. (2006) Potentielle Ursachen der Rissbildung in Betonfahrbahndecken. 16. Internationale Baustofftagung „ibausil", Tagungsbericht - Band 1, Bauhaus-Universität Weimar, pp. 1239-1254

[6] Carlson, R. W. (1937) Drying shrinkage of large concrete members. Journal of the ACI 33, Nr. 3, pp. 327-336

[7] Czernin, W. (1977) Zementchemie für Bauingenieure. Bauverlag GmbH, Wiesbaden-Berlin

[8] DAfStb Heft 525 (September 2003). Erläuterungen zu DIN 1045-1. Hrsg.: Deutscher Ausschuss für Stahlbeton DAfStb, Beuth Verlag GmbH, Berlin

[9] DIN 1045-1 (August 2008). Tragwerke aus Beton, Stahlbeton und Spannbeton; Teil 1: Bemessung und Konstruktion

[10] DIN 1045-3 (August 2008). Tragwerke aus Beton, Stahlbeton und Spannbeton, Teil 3: Bauausführung

[11] Duckheim, C. (2008) Hygrische Eigenschaften des Zementsteins. Dissertation, Universität Duisburg-Essen, Institut für Bauphysik und Materialwissenschaft

[12] Eickschen, E, Siebel, E. (1998) Einfluss der Ausgangsstoffe und der Betonzusammensetzung auf das Schwinden und Quellen von Straßenbeton. Beton 48, Heft 9, S. 580-586 und Heft 10, S. 641-646

[13] Fleischer, W. (1992) Einfluss des Zements auf das Schwinden und Quellen von Beton. Dissertation, TU München

[14] Graf, O. (1926) Untersuchungen über das Schwinden und Quellen von Zementmörtel bei Verwendung von Zementen verschiedener Mahlung und verschiedener Herkunft. Zement 15, S. 459-461 und S. 475-477

[15] Grube, H. (1991) Ursachen des Schwindens von Beton und Auswirkungen auf Betonbauteile. Schriftenreihe der Zementindustrie 52, Betonverlag, Düsseldorf

[16] Houst, Y. F. (1997) Carbonation Shrinkage of Hydrated Cement Paste. Supplementary Papers of 4th CANMET/ACI International Conference on Durability of Concrete, Highway Research Board, Sydney, pp. 481-492

[17] Jawed, I, Skalny, J. (1978) Alkalies in Cement: A Review – II. Effects of Alkalies on Hydration and Performance of Portland Cement. Cem. Concr. Research, Vol. 8, pp. 37-52

[18] Kern, R. (1998) Der Einfluss der Austrocknung auf die Wasserbindung und Eigenschaften des Betons. Dissertation, TU Darmstadt

[19] Kollo, H., Lang, E. (2001) Massenbeton, Feuerbeton. VBT Verlag Bau + Technik, Schriftenreihe Spezialbetone 4

[20] Mills, R. H. (1968) Shrinkage of concrete containing blast furnace slag. Colloque International sur le retrait des bétons hydrauliques. Madrid, Vol I, II-J

[21] Müller, H.-S., Kvitzel, V. (2002) Kriechen und Schwinden von Beton. Beton- und Stahlbetonbau 97, Heft 1, S. 10

[22] Pickett, G. (1946) Shrinkage stresses in concrete. American Concrete Institute Journal 17, Heft 3, S. 165-204

[23] Reinhardt, H.-W. (2007) Beton. Beton-Kalender 2007 - Teil 1/Bergmeister, K., Wörner, J.-D., Berlin: Ernst & Sohn, S. 353-478

[24] Rüsch, H., Kordina, K., Hilsdorf, H. (1962) Der Einfluss des mineralogischen Charakters der Zuschläge auf das Kriechen von Beton. Schriftenreihe Deutscher Ausschuss für Stahlbeton, Heft 146, S. 19-133

[25] Schmidt, D., Slowik, V., Schmidt, M., Fritzsch, R. (2007) Auf Kapillardruckmessung basierende Nachbehandlung von Betonflächen im plastischen Materialzustand. Beton- und Stahlbetonbau 102, Heft 11, S. 789-796

[26] Spanka, G., Thielen, G. (1995) Untersuchung zum Nachweis von verflüssigenden Betonzusatzmitteln und zu deren Sorptions- und Elutionsverhalten. Beton 45, Heft 5, S. 320-327

[27] Springenschmid, R. (2007) Betontechnologie für die Praxis. Bauwerk Verlag GmbH, Berlin

[28] Tazawa, E. (1998) Autogenous Shrinkage of Concrete. International Workshops Hiroshima, EFN Spon, New York

[29] Thielen, G., Grube, H. (1990). Maßnahmen zur Vermeidung von Rissen im Beton. Beton- und Stahlbetonbau 85, Heft 6, S. 161-167

[30] Thielen, G., Junghans, M.T. (2002) Festigkeitsentwicklung und Schwinden von hochfesten Beton. Forschung, Entwicklungen und Anwendungen: 6. Münchener Massivbau Seminar 2002, 11.-12.04.2002/Zilch, K (Hrsg.) – Düsseldorf: Springer-VDI, 2002. – (Bauingenieur), S. 159-183

[31] VDZ: Zement Taschenbuch 51, Auflage (2008), Verein deutscher Zementwerke e.V., Verlag Bau + Technik

[32] Venuat, M. (1968) Influence du ciment sur le retrait hydraulique après prise. Colloque International sur le retrait des bétons hydrauliques, Madrid 1968, Vol. I, II-J

[33] Walz, K. (1962) Bewertung des Schwindmaßes verschiedener Zemente. Beton 11, Heft 8, S. 557-558

[34] Weigler, H., Karl, S. (1974) Junger Beton: Beanspruchung, Festigkeit, Verformung. Darmstadt, Institut für Massivbau (Forschungsberichte am Institut für Massivbau der TH Darmstadt)

[35] Wesche, K. (1993) Baustoffe für tragende Bauteile, Band 2: Beton, Mauerwerk. Bauverlag GmbH, Wiesbaden und Berlin

[36] Whiting, D., Dziedzic, W. (1992) Effects of Conventional and High-Range Water Reducers on Concrete Properties. Research and Development Bulletin RD 1075, Portland Cement Association, Skokie

[37] Zement Merkblatt Betontechnologie B16 (2002) „Hochfester Beton – Hochleistungsbeton“, Bauberatung Zement

[38] Zement Merkblatt Betontechnologie B18 (2003) “Risse im Beton”, Bauberatung Zement

[39] Stark, J., Wicht, B. (2001) Dauerhaftigkeit von Beton. Der Baustoff als Werkstoff, Birkhäuser Verlag, Basel

[40] Zilch, K., Rogge, A. (2002) Bemessung der Stahlbeton- und Spannbetonbauteile nach DIN 1045-1. Beton-Kalender 2002: Teil1; Taschenbuch für Beton-, Stahlbeton- und Spannbetonbau sowie die verwandten Fächer/Eibl, J. (schriftl.), Ernst & Sohn, Berlin, S. 217-359

[41] ZTV-ING 07: Zusätzliche Technische Vertragsbedingungen und Richtlinien für Ingenieurbauten, Teil 3: Massivbau

# Thermisch bedingte Risse

Lutz Nietner

**Zusammenfassung**

Zwangspannungen aufgrund behinderter thermischer Dehnungen können zu Rissbildungen im Beton führen, welche im Extremfall die Gebrauchstauglichkeit und Dauerhaftigkeit stark beeinträchtigen können. Der nachfolgende Beitrag konzentriert sich dabei auf die durch abfließende Hydratationswärme hervorgerufenen instationären Temperaturfelder im Betonbauteil. Es werden die wesentlichsten Einflussfaktoren auf die Temperaturentwicklung diskutiert sowie deren technologische Auswirkungen auf den Bauprozess. Abschließend werden beispielhaft Möglichkeiten vorgestellt, die örtliche und zeitliche Temperatur- und Spannungsverteilung im Bauteil numerisch zu bestimmen.

## 1 Einführung

Örtlich und zeitlich veränderliche Temperaturfelder im Beton führen wie bei jedem anderen Konstruktionsmaterial zu lastunabhängigen Dehnungen im Bauteil. Können sich diese aufgrund der beschränkten Verformungsfreiheitsgrade desselben nicht oder nur unvollständig einstellen, kommt es zu Zwangspannungen, die, bei Überschreitung der Zugfestigkeit des Betons, zu Rissen führen.

Derartige Temperaturfelder werden durch verschiedene thermische Einwirkungen verursacht, z.B. durch jahreszeitliche Sonneneinstrahlung, durch Nutzerverhalten oder durch abfließende Hydratationswärme im frühen Betonalter, wobei Letztere eine sehr wesentliche Rolle in der Baupraxis spielt. Insbesondere beim Entwurf bzw. der Bemessung von wasserundurchlässigen Konstruktionen (Weißen Wannen) ist diesem Umstand besonderes Augenmerk zu widmen. Darüber hinaus führen durchgängig hohe Temperaturen während des Erhärtungsprozesses zu abweichenden Hydratationsprodukten, welche unter Feuchtebeanspruchung zu treibenden Sekundärreaktionen führen können [7].

Die zutreffende Bestimmung von hydratationsbedingter Temperaturentwicklung und entsprechendem Zwangverhalten unter Berücksichtigung der veränderlichen mechanischen Eigenschaften im Zuge der Erhärtung ist somit eine wesentliche Voraussetzung für die Erstellung dauerhafter und gebrauchstauglicher Bauwerke. Der nachfolgende Beitrag stellt die wesentlichsten Einflussgrößen vor und beschreibt deren Auswirkungen sowie Möglichkeiten der rechnerischen Vorausbestimmung.

## 2 Temperaturentwicklung im Bauteil

### 2.1 Grundlagen

Die räumliche und zeitliche Temperaturverteilung im Betonbauteil wird allgemein durch einen Diffusionsansatz (*Fourier*'sche DGL) beschrieben:

$$\frac{\partial T}{\partial t} = \frac{1}{c_p \cdot \rho_b} \cdot \left( \sum_{i=x...z} \lambda_b \cdot \frac{\partial^2 T}{\partial i^2} + \frac{\partial Q_{hyd}}{\partial t} \right) \quad (1)$$

mit

$T(t,x,y,z)$ = orts- und zeitabhängige Temperatur [K]

$\lambda_b$ = Wärmeleitfähigkeit des Betons [kJ/m/h/K]

$c_p$ = spez. Wärmekapazität des Betons [kJ/kg/K]

$\rho_b$ = Rohdichte des Betons [kg/m³]

$Q_{hyd}$ = Hydratationswärmeentwicklung des Betons [kJ/m³]

Die Diffusionsparameter (Leitfähigkeit und Kapazität) sind vom Hydratationsgrad abhängig [1], können jedoch näherungsweise als konstant angenommen werden. Bei der Erfassung von $Q_{hyd}$ muss dagegen der Umstand berücksichtigt werden, dass die Hydratationsgeschwindigkeit durch das Temperaturfeld selbst beeinflusst wird. Dies gelingt durch Formulierung einer geeigneten Reifebeziehung (wirksames Betonalter), welche die Zeitabhängigkeit auf eine isotherme (üblicherweise 20°C) Prozessumgebung verzerrt [2, 3]:

$$t_e(t) = \int_0^t k(T(\tau)) \cdot d\tau \tag{2}$$

mit

$t_e(t)$ = wirksames Betonalter zum Zeitpunkt t [h]

$k(T)$ = Verzerrungsfaktor, abhängig von der Prozesstemperatur und der Aktivierungsenergie des Zements bzw. Bindemittels [-]

Die unter einer definierten Prozesstemperatur freigesetzte Wärmemenge hängt von der spezifischen Betonzusammensetzung, insbesondere von der Zementauswahl, ab. Nachfolgend werden die wichtigsten Einflussparameter vorgestellt.

### 2.2 Einflussgrößen auf die Hydratationswärmeentwicklung

#### 2.2.1 Zementart und -gehalt

Die maximal freisetzbare Wärmemenge bei vollständiger Hydratation des Zementes wird durch dessen mineralogisch-chemische Zusammensetzung (Klinkerphasen und Zumahlstoffe) bestimmt. Prinzipiell gilt, dass die freiwerdende Wärmemenge umso größer ist, je:

- feiner der Zement aufgemahlen wurde,
- je höher dessen Klinkergehalt ist,
- und je größer das Wasserangebot bei der Hydratationsreaktion ist.

Eine Zuordnung typischer Zementfestigkeitsklassen zu charakteristischen Hydratationswärmeentwicklungen ist zumindest tendenziell möglich (Abbildung 1). Entsprechende Anhaltswerte können der einschlägigen Literatur [6] entnommen werden. Im Allgemeinen wird jedoch die Aufbereitungstechnologie der Zemente nach den Festigkeitsanforderungen ausgerichtet, so dass eine eindeutige Abgrenzung nicht gelingt.

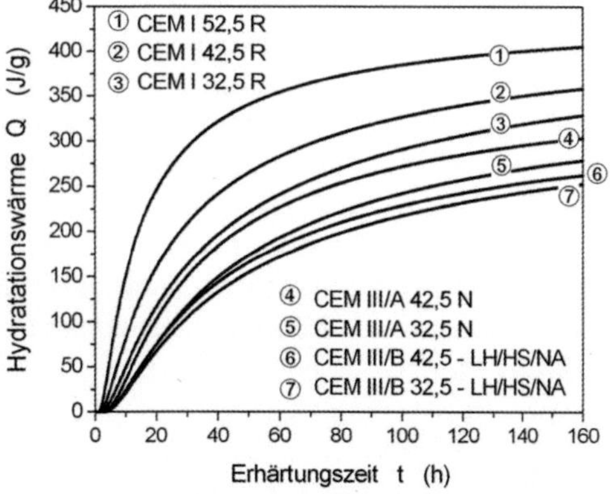


Abb. 1: Wärmeentwicklung typischer Zemente (isotherm, aus [3])

Zu beachten ist dabei, dass bei Kompositzementen (CEM II bzw. CEM III) die Gesamtwärmeentwicklung auch durch die Reaktion der Zumahlstoffe bestimmt wird. Insbesondere latent hydraulische oder puzzolanische Stoffe wie Hüttensand bzw. Flugasche liefern einen mehr oder weniger signifikanten Wärmebeitrag, der durch die Primärreaktion des Klinkers gesteuert wird und zeitlich verzögert auftritt. Die entsprechenden Kurven der Freisetzungsraten weisen dann charakteristische „Höcker“ auf.

Die absolute Wärmemenge je 1m³ Beton bestimmt sich aus dessen spezifischem Zementgehalt. Da die Menge und Festigkeitsklasse des eingesetzten Zementes tendenziell mit der angestrebten Betonfestigkeitsklasse steigt, weisen höhere Betongüten demzufolge auch höhere Wärmeentwicklungen auf. Diese Zusammenhänge müssen z. B. bei der Expositionsklasseneinstufung eines Bauteils nach DIN 1045 beachtet werden, welche bestimmte Mindestfestigkeitsklassen für den Beton fordern und dadurch implizit die Zementauswahl bereits einengen können.

#### 2.2.2 w/z-Wert

Der maximal erreichbare Hydratationsgrad einer bestimmten Betonzusammensetzung wird wesentlich durch das Wasserangebot auf den Bindemitteloberflächen bestimmt. Nach Röhling [3] gilt näherungsweise:

$$\alpha_{max}(\omega) = \frac{1{,}35 \cdot \omega}{0{,}315 + \omega} \tag{3}$$

mit

$\alpha_{max}$ = maximaler Hydratationsgrad [-]

$\omega$ = w/z-Wert [-]

Höhere w/z-Werte führen demzufolge zu einer Erhöhung der Hydratationsgeschwindigkeit und im Endeffekt zu einer größeren freiwerdenden Gesamtwärmemenge, eine Absenkung des w/z-Wertes hat eine entsprechend gegenläufige Auswirkung [3]. Das damit verbundene geringere Wasserangebot ist auch der Grund dafür, dass hochfeste Betone trotz ihres hohen Gehaltes an wärmeintensiven Zementen eine vergleichsweise moderate Wärmeentwicklung aufweisen.

In der Praxis [4, 5] ist es üblich, die Hydratationswärme eines bestimmten Zementes oder Bindemittels mit geeigneten Methoden (z.B. DCA, adiabatisches Kalorimeter, Temperaturmessungen an großformatigen Betonblöcken) für einen konstanten w/z-Wert von 0,50 zu bestimmen. Die Umrechnung der Gesamtwärmemenge für abweichende w/z-Werte erfolgt dann näherungsweise durch einen Korrekturfaktor, der sich aus dem Verhältnis der nach Gleichung 3 berechneten maximalen Hydratationsgrade ergibt [4]:

$$f_\omega(\omega) = \frac{\alpha_{max}(\omega)}{\alpha_{max}(0{,}50)} \approx 1{,}207 \cdot \alpha_{max}(\omega) \qquad (4)$$

mit

$f_\omega$ = Korrekturfaktor für Gesamtwärmemenge [-]

$\alpha_{max}$ = maximaler Hydratationsgrad nach Gleichung 3 [-]

Für bestimmte Betrachtungen ist es jedoch sinnvoll, die Wärmeentwicklung an der Zielrezeptur direkt zu bestimmen, um die Auswirkungen auf die Hydratationsgeschwindigkeit genauer zu erfassen.

#### 2.2.3 Zusatzstoffe und Zusatzmittel

Puzzolanische Zusatzstoffe (z.B. Flugasche, Mikrosilika) liefern einen Festigkeitsbeitrag im Zementstein, dessen Reaktionscharakteristik an die Primärreaktion des Zementklinkers gebunden ist. Derartige Bindemittelgemische sind insofern hinsichtlich ihrer Wärmeentwicklung mit entsprechenden Kompositzementen (z.B. CEM II/B-V oder CEM II/A-D) vergleichbar, wobei durchaus ein Unterschied zwischen reiner Vermischung und reiner Vermahlung bestehen kann. Da ein Teil des Zementklinkers durch den Zusatzstoff ersetzt wird (Füllerwirkung) und die puzzolanische Reaktion verzögert abläuft, ist die Wärmeentwicklung insgesamt geringer als bei reinem Portlandzement. Dies trifft sinngemäß auch für inerte Zusatzstoffe (z.B. Gesteinsmehle) zu.

Zusatzmittel beeinflussen im Allgemeinen nur die Geschwindigkeit der Wärmefreisetzung in der Anfangsphase der Hydratation, wobei dies von der Wirkungsgruppe und Dosierung abhängt. Als wichtigste Vertreter sind hier Verzögerer (VZ) und Beschleuniger (BE) zu nennen. Eine gewisse verzögernde Wirkung kann auch als Nebeneffekt bei der Verwendung von Fließmitteln (FM) und Betonverflüssigern (BV) auftreten.

#### 2.2.4 Frischbetontemperatur

Hohe Frischbetontemperaturen wirken beschleunigend auf den Hydratationsprozess, da die notwendige Aktivierungsenergie geringer ist. Diese hängt jedoch auch von der Zementart ab, dadurch verläuft die Reaktion bestimmter Zemente bei gleichem Temperaturniveau durchaus unterschiedlich, z. B. reagieren hüttensandreiche Zemente (CEM III/B) aufgrund ihrer höheren Aktivierungsenergie temperatursensitiver als reine Portlandzemente. In Abbildung 2 ist dieser Zusammenhang für einen Beton mit festgelegter Hydratationswärmeentwicklung rechnerisch modelliert worden. Die festgestellten Unterschiede im maximalen Temperaturanstieg mögen unter baupraktischen Gesichtspunkten als vernachlässigbar erscheinen, im Zusammenhang mit einer nachgelagerten Spannungsbetrachtung können sie jedoch durchaus über das rechnerische Auftreten eines Risses entscheiden.

Die Höhe der Frischbetontemperatur ist im Wesentlichen von den saisonalen Bedingungen abhängig und kann nur in begrenztem Umfang bzw. nur mit entsprechendem technischem Aufwand gezielt beeinflusst werden (siehe Abschnitt 2.4). Unter hochsommerlichen Temperaturen mit starker Sonneneinstrahlung können Frischbetontemperaturen bis 30°C, in anderen Breiten sogar noch höher auftreten. Auch aus der Technologie des Bauablaufs (Betontransport, Pumpen) kann eine nochmalige Temperaturerhöhung resultieren.

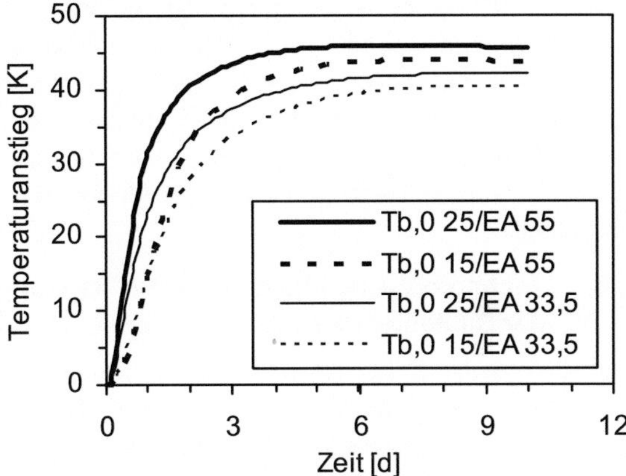


Abb. 2: Berechneter quasiadiabatischer Temperaturanstieg eines Betons mit festgelegter Hydratationswärmeentwicklung bei unterschiedlichen Frischbetontemperaturen ($T_{b,0}$ in °C) und Aktivierungsenergien ($E_A$ in kJ/mol)

Entsprechende Anhaltswerte zur Höhe der jahreszeitlich zu erwartenden Frischbetontemperatur können z. B. [2, 3] entnommen werden.

### 2.3 Abschätzung der Bauteiltemperatur

Eine analytische Lösung der Gleichung 1 ist nur in wenigen Sonderfällen möglich. Aussagen zur örtlichen und zeitlichen Temperaturverteilung (und der resultierenden Spannungsentwicklung) im Bauteil werden üblicherweise auf Basis von numerischen Lösungsverfahren (FEM, FVM) getroffen, welche durch die Leistungsfähigkeit der Computertechnik auch die Abbildung komplexer Bauteilformen und Randbedingungen gestatten (siehe Abschnitt 5). Stehen derartige Möglichkeiten nicht zur Verfügung, kann in einer Vielzahl der Fälle auch von vereinfachten Annahmen für den Wärmetransport ausgegangen werden. Handelt es sich z. B. um sehr massige Bauteile, kann die Bauteiltemperatur im Kern aufgrund der quasiadiabatischen Verhältnisse gemäß Gleichung 5 abgeschätzt werden:

$$T_b(t) = T_{b,0} + \frac{Q_{hyd}(t)}{c_p \cdot \rho_b} \quad (5)$$

mit

$T_b(t)$ = Temperatur zum Zeitpunkt t [K]

$T_{b,0}$ = Frischbetontemperatur [K]

$c_p$ = spez. Wärmekapazität des Betons [kJ/kg/K]

$\rho_b$ = Rohdichte des Betons [kg/m³]

$Q_{hyd}(t)$ = Hydratationswärmeentwicklung des Betons [kJ/m³] zum Zeitpunkt t

Die Temperaturverhältnisse in schlankeren Bauteilen können näherungsweise durch Korrekturfaktoren erfasst werden, welche z. B. auf vergleichenden Messungen beruhen und auch die abweichende Hydratationsgeschwindigkeit in den Randzonen bzw. deren Wärmeverlust zur Umgebung berücksichtigen. In [3, 6] werden dafür verschiedene Möglichkeiten vorgestellt.

### 2.4 Technologische Maßnahmen zur Senkung der Bauteiltemperatur

Der Betonentwurf für ein bestimmtes Bauteil bzw. Bauwerk sollte idealerweise so erfolgen, dass die geforderten Eigenschaften mit einem Minimum an Zement bzw. Bindemittel realisiert werden können. Durch die spezifische Expositionsklasseneinstufung des Bauteils in Verbindung mit zusätzlichen vertraglichen Forderungen (z. B. ZTV-ING oder ZTV-W) werden dafür aber Rahmenbedingungen gesetzt, welche bestimmte technologische Maßnahmen ausschließen können. In Tabelle 1 werden einige Möglichkeiten zur Senkung der Bauteiltemperatur vorgestellt und diesbezüglich diskutiert.

Die letztendlich gewählten Maßnahmen richten sich immer auch nach den logistischen und technischen Möglichkeiten der Baustelle bzw. des Bauverfahrens. Es ist wichtig, die technologischen Zwangspunkte der Bauweise möglichst frühzeitig in den Planungsprozess einzubringen.

Ob und in welchem Maße die Absenkung der Bauteiltemperatur begünstigend auf das Zwangverhalten des Bauteils wirkt, muss fallweise überprüft werden (siehe Abschnitt 3.5). Beispielsweise kann es bei Verwendung von LH-Zementen vorkommen, dass durch die geringere Wärmefreisetzungsrate der Risszeitpunkt einfach nur zeitlich nach hinten verschoben wird. Zur Begrenzung der Rissweite sind dann aufgrund der höheren Zugfestigkeit entsprechend größere Bewehrungsmengen notwendig.

Tab. 1: Übersicht über technologische Maßnahmen zur Senkung der Bauteiltemperatur

| Maßnahme | Bemerkung |
|---|---|
| Absenkung der Frischbetontemperatur | Möglich durch Betonage in den Morgenstunden, Kühlung / Beschattung der Zuschläge, Zugabe von Scherbeneis. Künstliche Kühlmaßnahmen sind möglicherweise technisch nicht immer verfügbar und mit Mehrkosten verbunden. |
| Reduktion des Zementgehaltes | Durch Zugabe von Zusatzstoffen des Typs II (z.B. Flugasche) kann der Mehlkorngehalt bzw. Festigkeitsbeitrag eingestellt werden. Die Reduktion ist auf die normativen Mindestzementgehalte zur Sicherstellung des alkalischen Milieus begrenzt. |
| Verwendung von LH-Zement | Je nach Zementtyp bestehen möglicherweise Einschränkungen hinsichtlich der anwendbaren Expositionsklassen (z.B. CEM III/B und XF4). Darüber hinaus sind geringere Frühfestigkeiten und längere Nachbehandlungszeiten zu erwarten (relevant z.B. bei Gleitschalungen) |
| Rohrinnenkühlung | Sehr aufwändige Maßnahme mit beträchtlichem Planungsvorlauf und Kostenfaktor. Kühlwirkung ist auf den unmittelbaren Bereich um den Rohrquerschnitt begrenzt, dadurch ist eine dichte Rasterung notwendig. Nicht geeignet für ausgedehnte, flächige bzw. massige Bauteile. |

## 3 Spannungsentwicklung im Bauteil

### 3.1 Grundlagen

Durch das eingeprägte Temperaturfeld werden im Laufe der Hydratation thermische Dehnungen im Bauteil induziert. Können sich diese aufgrund der beschränkten Verformungsfreiheitsgrade nicht oder nur unvollständig einstellen (Verformungsbehinderung), müssen im statischen System zusätzliche Spannungen (Zwangspannungen) aktiviert werden, die global im Gleichgewicht stehen (Kräftegleichgewicht) und deren Dehnungsäquivalente der thermischen Dehnung entgegengesetzt sind (Verformungskompatibilität) [4]. Dieser Zusammenhang ist sehr wesentlich bei der Betrachtung aller Zwangmechanismen, unabhängig von der Ursache der zugrundeliegenden lastunabhängigen Dehnungen: Ob und in welcher Höhe sich Zwangspannungen einstellen, wird ausschließlich durch die maßgebenden Verformungsfreiheitsgrade (Grad der Verformungsbehinderung) und die Steifigkeit (Stoffgesetz, E-Modul) des betrachteten Bauteils um Zeitpunkt des Dehnungseintrags bestimmt. Für hydratisierenden Beton besteht zusätzlich die Besonderheit, dass der Elastizitätsmodul während der Erhärtung zunimmt und durch die unterschiedliche Hydratationsgeschwindigkeit örtlich veränderlich ist. In der Modellvorstellung führt dadurch eine Erwärmung unter entsprechender Verformungsbehinderung im frühen Alter zu betragsmäßig kleinen Druckspannungen, die im Zuge der Abkühlung durch betragsmäßig größere Zugspannungen zunächst abgebaut werden und als Endzugspannung im Bauteil verbleiben (siehe Abbildung 3).

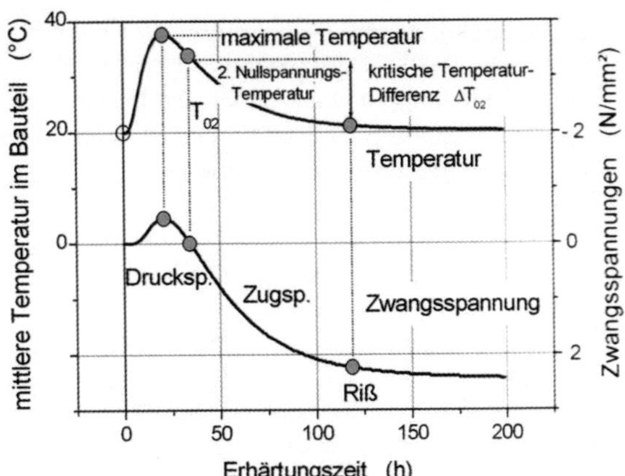


Abb. 3: Entwicklung von Zwangspannungen, Lage der Nullspannungstemperaturen (schematisch, aus [3], siehe auch [8])

Hierbei ist die Lage der zweiten Nullspannungstemperatur ausschlaggebend, welche dasjenige Niveau (kritische Temperaturdifferenz) definiert, von dem aus eine zugspannungswirksame Abkühlung erfolgt. Da dies grundsätzlich für jeden beliebigen Bauwerkspunkt mit dessen spezifischer Temperaturentwicklung, spezifischen Verformungsfreiheitsgraden und spezifischen zeitabhängigen Materialeigenschaften (Stoffgesetzen) gilt, ergibt sich insgesamt eine sehr komplexe Spannungs- und Verformungsverteilung, die nur in wenigen Sonderfällen analytisch zugänglich ist.

Unter baupraktischen Gesichtspunkten ist die Angabe von Grenzwerten für bestimmte kritische Temperaturdifferenzen (z. B. zwischen Alt- und Neubeton oder über den Querschnitt) sinnvoll, da diese relativ einfach gemessen und verifiziert werden können [5]. Diese Grenzwerte ergeben sich z. B. aus Versuchen in der Temperaturspannungsprüfmaschine, aus analytischen „Worst-case“ Betrachtungen oder thermomechanischen Simulationen. Die dabei getroffenen Aussagen sind nur für den betrachteten Beton unter den unterstellten statischen und thermischen Randbedingungen gültig. Eine Verallgemeinerung für alle denkbaren Bauteile bzw. Betone im Sinne einer grundsätzlich gültigen maximalen Temperaturdifferenz ist nicht möglich. Langjährige Erfahrungswerte der Praxis zeigen aber, dass Temperaturdifferenzen im Bauteil zwischen 15 und 20 K eher unkritisch sind (vgl. dazu [3]).

### 3.2 Berechnung von Zwangspannungen

Lässt man die Spannungsanteile aus externen Lasten und Schwindvorgängen zunächst außer Acht, so ergibt sich unter eindimensionaler Betrachtung der Endspannungszustand eines beliebigen Bauteilpunktes unter Berücksichtigung von Kriechen und Relaxation wie folgt [1, 2, 3, 4]:

$$\sigma_b(t) = -\int_0^t \psi(t,\tau)\cdot a(\tau)\cdot E_b(\tau)\cdot \frac{dT_b(\tau)}{d\tau}\cdot \alpha_T(\tau)\cdot d\tau \quad (6)$$

mit

$\sigma_b(t)$ = zeitabhängige Betonspannung [MPa]
$\psi(t,t')$ = Relaxationsfunktion des Systems [-]
$a(t)$ = zeitabhängiger Grad der Verformungsbehinderung [-]
$T_b(t)$ = zeitabhängige Betontemperatur [K]
$\alpha_T(t)$ = zeitabhängiger Wärmedehnungskoeffizient des Betons [1/K]
$E_b(t)$ = zeitabhängiger E-Modul des Betons [MPa]

Es wird nochmals deutlich, dass der Zwangspannungszustand von einer Vielzahl von Faktoren abhängt. Die Bestimmung des hydratationsbedingten Temperatur und Steifigkeitsverlaufs ist dabei nur eine, wenn auch wichtige Voraussetzung. Insbesondere die Auswirkungen des viskoelastischen Materialverhaltens des Betons (Kriechen und Relaxation) in Verbindung mit den vorhandenen Verformungsfreiheitsgraden des mechanischen Systems müssen zutreffend erfasst werden [4].

Unter dreidimensionaler Betrachtung erfolgt die Bestimmung des Spannungszustandes gemäß den Grundgleichungen der Elastomechanik, welche an einem infinitesimalen würfelförmigen Volumenelement definiert werden (Gleichung 7). Der Beton wird dabei lokal als linear-elastisch und isotrop betrachtet [1, 4]:

$$\{d\sigma\}(t) = \mathbf{C}(t) \cdot \left(\{d\varepsilon^{tot}\}(t) - \mathbf{m}\mathbf{m}^T \cdot dT(t) \cdot \alpha_T(t)\right) \quad (7)$$

mit

$\{d\sigma\}(t)$ = symm. Tensor der Spannungsinkremente [MPa]
= $\{d\sigma_{xx}, d\sigma_{yy}, d\sigma_{zz}, d\sigma_{xy}, d\sigma_{xz}, d\sigma_{yz}\}$

$\{d\varepsilon^{tot}\}(t)$ = symm. Tensor der resultierenden Dehnungsinkremente [-]
= $\{d\varepsilon_{xx}, d\varepsilon_{yy}, d\varepsilon_{zz}, d\varepsilon_{xy}, d\varepsilon_{xz}, d\varepsilon_{yz}\}$

$T(t)$ = Temperatur [K]

$\alpha_T(t)$ = Wärmedehnungskoeffizient [1/K]

$\mathbf{C}(t)$ = 6 x 6 Stoffgesetzmatrix (E-Modul, Relaxations- / Kriechfunktion und Querdehnungszahl)

$\mathbf{m}$ = {1, 1, 1, 0, 0, 0}

Gleichung 7 wird üblicherweise über numerische Verfahren (z. B. FEM) implementiert, wobei alle ingenieurgemäßen Modellvorstellungen bzw. Begriffe über den Aufbau von Zwangspannungen (z. B. Behinderungsgrad, Biegezwang, Eigenspannung, Nullspannungstemperatur, vgl. dazu Abschnitt 3.4) daraus abgeleitet werden können. Dies ermöglicht auch die Beantwortung sehr weitreichender Fragestellungen, wie z. B. eine thermomechanische Analyse des gesamten Erstellungspfades eines Betonbauteils. Dies kann allerdings nur computergestützt durchgeführt werden [1, 4]. Beispiele dazu werden in Abschnitt 5 gegeben.

### 3.3 Risssicherheit

Risse treten im Bauteil dann auf, wenn die maßgebende Zugspannung die aktuelle zentrische Zugfestigkeit des Betons übersteigt. Deren experimentelle Bestimmung ist anspruchsvoll und unterliegt gewissen Schwankungen [2], die durch einen angemessenen Sicherheitszuschlag zu berücksichtigen sind. Durch Betrachtung des sog. Rissindex gemäß Gleichung 8:

$$I_{cr}(t) = \frac{\sigma_b(t)}{f_{ctm}(t)} \leq I_{cr,zul} \quad (8)$$

mit

$\sigma_b(t)$ = zeitabhängige Betonspannung [MPa]

$f_{ctm}(t)$ = zeitabhängige mittlere zentrische Betonzugfestigkeit

$I_{cr}(t)$ = zeitabhängiger Rissindex [-]

$I_{cr,zul}$ = zulässiger Rissindex [-]

kann die Sicherheit gegen Rissbildung eingeschätzt werden. Je nach Nachweisintention werden für den zulässigen Rissindex verschiedene Werte empfohlen. Im Allgemeinen müssen für die Vermeidung von Trennrissen Werte zwischen 0,60 bis 0,70 eingehalten werden [2, 3], für die Bemessung der rissverteilenden Bewehrung dagegen empfehlen sich Werte um 1,00 [9] bis 1,05.

### 3.4 Ingenieurmodelle

#### 3.4.1 Zwanganteile

Bestimmte Bauteilformen werden in der Ingenieurvorstellung häufig auf eindimensionale Stabmodelle gemäß Gleichung 6 reduziert. Insbesondere bei Bodenplatten wird durch den bevorzugt eindimensionalen Wärmetransport über die Plattendicke das zeitabhängige Temperaturprofil in verschiedene Anteile aufgespalten, die anschaulich auch unterschiedliche Zwanganteile verursachen (Abbildung 4). Hierbei wird unterschieden in [1, 2, 8, 12]:

- Zentrischer Zwang: verursacht durch die Behinderung der über den Querschnitt gemittelten Temperaturdehnung (Systemverschiebung). Die Integration über den Querschnitt ergibt eine Normalkraft im System.
- Biegezwang: hervorgerufen durch die Krümmungsbehinderung eines linearen Dehnungsgradienten. Die Integration über die Höhe ergibt ein Biegemoment im System.
- Eigenspannung: verursacht durch die Behinderung einer nichtlinearen, symmetrischen Dehnungsverteilung im Querschnitt. Die Integration verursacht keine Schnittgrößen im System, ist also unabhängig von der statischen Bestimmtheit der Lagerung.

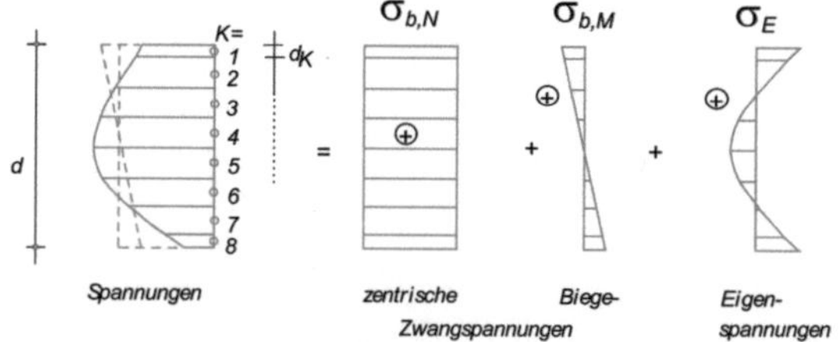


Abb. 4: Zwanganteile in einer Bodenplatte (schematisch, aus [12])

Derartige Betrachtungen sind in der Praxis weit verbreitet, z. B. werden massive Wasserbauwerke für die Bemessung der rissverteilenden Bewehrung zunächst einer FEM-Analyse unterworfen, deren Ergebnisse über die Querschnittshöhe den entsprechenden Zwanganteilen zugeordnet werden [12].

#### 3.4.2 Behinderungsgrad

Für vereinfachte Berechnungen gemäß Gleichung 6 muss der Verlauf des Behinderungsgrades bekannt sein. In der Literatur [2, 3, 8] wird häufig ein Stabmodell mit elastischer Festhaltung (Feder) als Ersatzsystem gewählt, welches die globale Verformungsbehinderung des Bauteils vereinfacht abbildet. Betrachtet man z. B. den in der Praxis häufigen auftretenden Zwangfall einer erhärtenden Wand auf einer bereits fertiggestellten Bodenplatte, so ergibt sich z. B. der Behinderungsgrad in Wandlängsrichtung gegen zentrischen Zwang gemäß [2, 3, 8]:

$$a(t)=\frac{1}{1+\frac{E_{b,W}(t)\cdot A_W}{E_{b,F}\cdot A_F}} \tag{9}$$

mit

$a(t)$ = zeitabhängiger Behinderungsgrad in Wandlängsrichtung [-]

$E_{b,W}(t)$ = zeitabhängiger mittlerer E-Modul der Wand [MPa]

$E_{b,F}$ = E-Modul des erhärteten Fundaments / der Bodenplatte [MPa]

$A_W$ = Querschnittsfläche der Wand [mm²]

$A_F$ = mitwirkende Querschnittsfläche des Fundaments / der Bodenplatte [mm²]

In der Realität nimmt der Behinderungsgrad über die Wandhöhe ab, dies kann anhand von FEM-Simulationen gezeigt werden [9, 10]. In der Literatur [2, 3] finden sich dafür entsprechende Diagramme und Anhaltswerte.

#### 3.4.3 Nullspannungstemperatur

Mit der Definition der Nullspannungstemperatur wird die Modellvorstellung verknüpft, dass es für jeden Bauteilpunkt und Zeitpunkt einen Temperaturzustand gibt, für den die Spannung im Bauteil, z. B. durch Relaxation, plastische Verformung im jungen Alter usw. verschwindet. Temperaturbedingte Spannungen treten im Bauteil demzufolge nur auf, wenn die tatsächliche Temperaturentwicklung von der Nullspannungstemperaturentwicklung abweicht. Ist Letztere bekannt, so berechnet sich die zeitabhängige Zwangspannung wie folgt [8]:

$$\sigma_b(t)=[T_N(t)-T_b(t)]\cdot\alpha_T(t)\cdot E_b(t) \tag{10}$$

mit

$\sigma_b(t)$ = zeitabhängige Betonspannung [MPa]

$T_b(t)$ = zeitabhängige Betontemperatur [K]

$T_N(t)$ = zeitabhängige Nullspannungstemperatur [K]

$\alpha_T(t)$ = zeitabhängiger Wärmedehnungskoeffizient des Betons [1/K]

$E_b(t)$ = zeitabhängiger E-Modul des Betons [MPa]

Der Vorteil im Vergleich zu einer Betrachtung gemäß Gleichung 6 liegt darin, dass die aufwändige Integration umgangen werden kann, d. h. die Spannung nur von den reinen Zustandsgrößen des Problems abhängt. In der Praxis ist dieses Verfahren schwierig anzuwenden, da der Verlauf der Nullspannungstemperatur nicht a priori bekannt ist und über z. T. aufwändige Versuche bestimmt werden müsste. Als Ingenieurmodell ist es aber gut geeignet, bestimmte Phänomene in der Spannungsentwicklung darzustellen, z. B. die typischen finalen Eigenspannungszustände dicker Bauteile mit Druckspannungen an der Oberfläche und Zugspannungen im Kern [8].

### 3.5 Technologische Maßnahmen zur Verringerung der Rissgefahr

Grundsätzlich zielen alle Maßnahmen zur Verringerung der Rissgefahr darauf ab, entweder die maßgebenden Temperaturdifferenzen zu minimieren oder ein Maximum an Verformungsfreiheit für das Bauteil zu gewährleisten. Die Auswahl hängt auch vom verwendeten Ingenieurmodell ab und ist oftmals erfahrungsbasiert. In diesem Zusammenhang soll auch deutlich gemacht werden, dass eine vollständige Rissvermeidung im Allgemeinen nicht oder nur mit beträchtlichem Aufwand möglich ist. In Tabelle 2 werden einige technologische Möglichkeiten zur Minimierung der Rissgefahr vorgestellt und diskutiert.

Tab. 2: Übersicht über technologische Maßnahmen zur Minimierung der Rissgefahr

| Maßnahme | Bemerkung |
|---|---|
| Begrenzung der Temperaturentwicklung | Möglich durch die in Tabelle 1 (Abschnitt 2.4) vorgestellten Maßnahmen. Unter Umständen lässt sich die resultierende Spannungsentwicklung dennoch nicht unterhalb der Zugfestigkeit halten. In diesem Fall wird das Rissereignis möglicherweise auf eine späteren Zeitpunkt verschoben, was höhere Bewehrungsgehalte zur Begrenzung der Rissweite nach sich zieht. |
| Begrenzung der Betonierabschnitte | Erfahrungsgemäß sehr effektiv, da der Behinderungsgrad in Größe und Verteilung begrenzt wird. Bei Wänden z.B. haben sich Abschnittslängen von maximal 2x Wandhöhe bewährt. Zu kleine Abschnitte sind jedoch für den Baufortschritt kontraproduktiv und ziehen u. U. zusätzliche Abdichtungsmaßnahmen nach sich (Fugenbänder) |
| Ebene Kontaktfugen / Gleitfolien | Bei z. B. Bodenplattenbetonagen ist das saubere und möglichst ebene Abziehen der Sauberkeitsschicht sinnvoll, da dadurch eine definierte Betonüberdeckung der unteren Bewehrungslage möglich wird. Ein vollständiges Gleiten kann damit nicht ermöglicht werden, zusätzliche Folien können den Reibwiderstand etwas verringern. |

Tab. 2: Übersicht über technologische Maßnahmen zur Minimierung der Rissgefahr (Forts.)

| Maßnahme | Bewertung |
|---|---|
| Wärmedämmende Nachbehandlung | Zur Begrenzung der Temperaturgradienten im Querschnitt, um Eigenspannungen zu minimieren. Nur sinnvoll, wenn die Dämmung zeitnah nach dem Ausschalen aufgebracht und bis zum unkritischen Temperaturausgleich des Bauteils vorgehalten werden kann, da sonst Zugspannungen durch die Schockwirkung des plötzlichen Temperaturabfalls entstehen. Bei Bodenplatten ist dies schwierig umzusetzen, da die frische Oberfläche nicht betreten werden kann und oftmals die Vorhaltedauer durch den Baufortschritt begrenzt ist. |

In der Praxis ist es üblich, bestimmte Maßnahmen zu kombinieren. Erfahrungsgemäß ist die Wahl vernünftiger Betonierabschnitte, verbunden mit einer optimierten Betonrezeptur und einer ausreichenden Nachbehandlung zielführend [5], insbesondere bei der Errichtung von WU-Konstruktionen.

## 4 Zusammenfassung

Zwangspannungen im Bauteil infolge Hydratationswärme des Betons lassen sich unter baupraktischen Gesichtspunkten nicht vermeiden. Kommt es zur Rissbildung, kann im Extremfall die Dauerhaftigkeit und Gebrauchstauglichkeit des Bauwerks stark beeinträchtigt werden. Dies ist besonders bei der Erstellung von wasserundurchlässigen Konstruktionen von Bedeutung. Es ist allerdings möglich, durch optimierte Betonrezepturen, in Verbindung mit einer vorausschauenden Planung der Betonierabschnitte das Rissrisiko bzw. die auftretenden Rissweiten auf ein vertretbares Maß zu senken. Hierzu stehen eine Reihe von technologischen Maßnahmen unterstützend zur Verfügung. In Verbindung mit einer leistungsfähigen Computertechnik ist es möglich, kritische Zwangzustände im Rahmen einer gekoppelten thermomechanischen Analyse bereits im Vorfeld zu erkennen und Gegenmaßnahmen einzuleiten.

## 5 Beispiele

Die folgenden Abbildungen entstammen thermomechanischen Simulationen bzw. Forschungsvorhaben des Autors [10]. Die Berechnungen wurden mit TEMP!Riss® ThirdStep [10] bzw. CalculiX [11] (Open Source, www.calculix.de) erstellt.

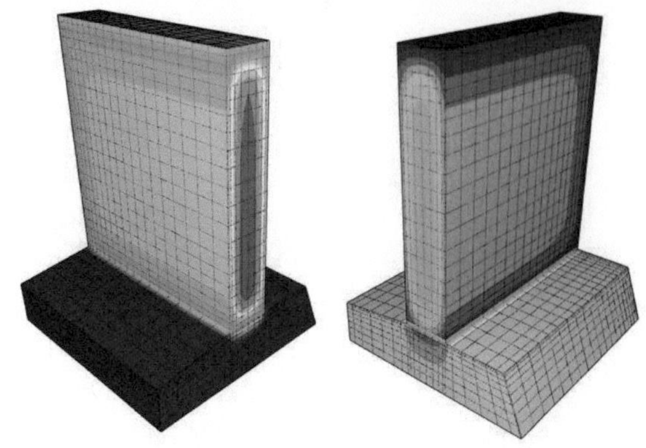

Abb. 5: **Schleuse Magdeburg-Rothensee, Winkelstützwand oberer Vorhafen**. Links: Berechnete Temperaturverteilung nach 1,5 d, Maximaltemperatur im Kern der Wand ca. 45°C. Rechts: Berechnetes wirksames Alter nach 10 d, im Kernbereich der Wand ca. 21 d, an den Wandecken ca. 5 d. (vgl. [5])

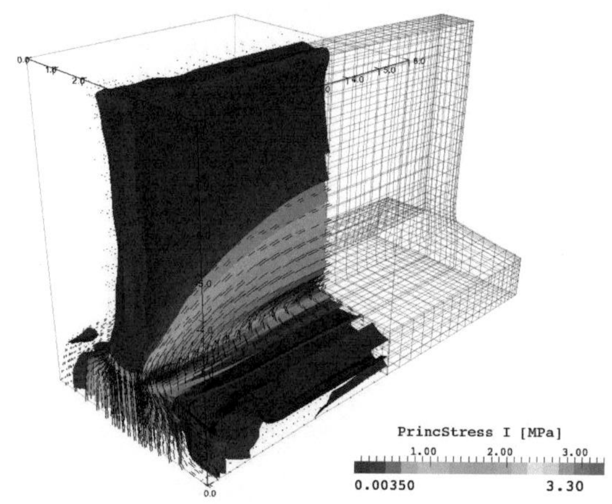


Abb. 6: **Schleuse Magdeburg-Rothensee, Winkelstützwand oberer Vorhafen.** Berechnete Hauptspannungsverteilung als 3D-Contourplot nach 10 d. Maximalspannung >3,00 MPa an der Ecke, in der Mittenebene ca. 2,00 MPa. Die Trajektorien zeigen auch die prinzipielle Verteilung des Behinderungsgrades in der Wand. Das Gitternetz zeigt die resultierende Verformung an.

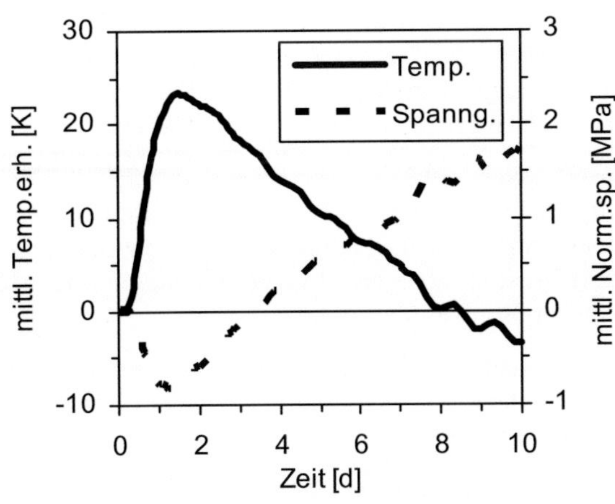


Abb. 7: **Schleuse Magdeburg-Rothensee, Winkelstützwand oberer Vorhafen.** Berechnete mittlere Temperaturerhöhung der Wand sowie berechnete mittlere Normalspannungsentwicklung. Auswertung ca. 1,5 m über OK Bodenplatte. Die berechnete mittlere Zugfestigkeit lag nach 10 d knapp über 2,00 MPa (vgl. [5]).

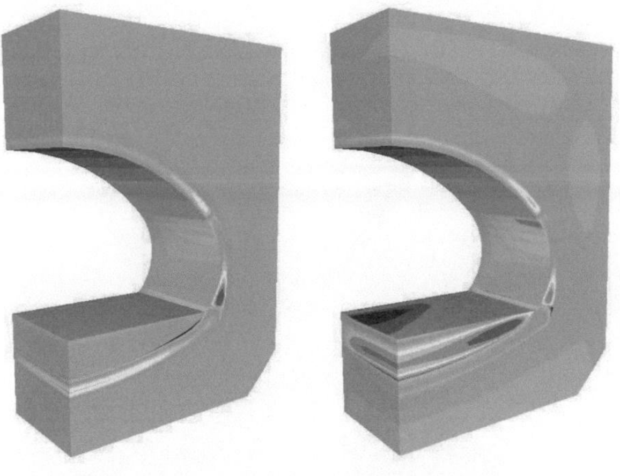

Abb. 9: **Tunnelprojekt (Designstudie).** Resultierende Normalspannungsverteilung. Links: nach Einbau des Füllbetons für die Fahrbahnebene. Rechts: Endzustand nach ca. 28 d. In den roten Bereichen übersteigt die Zugspannung 70 % der aktuellen Zugfestigkeit.

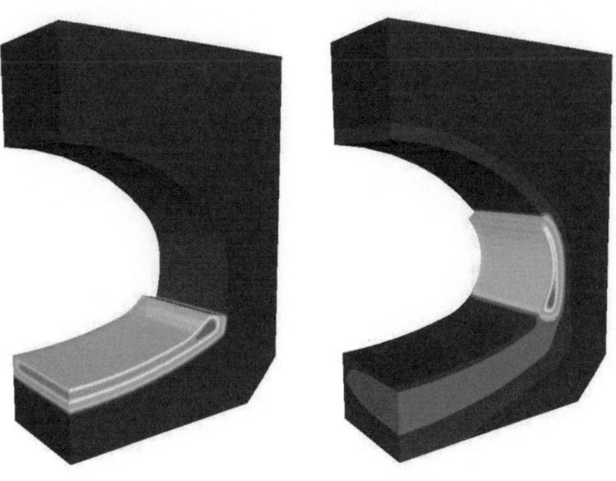

Abb. 8: **Tunnelprojekt (Designstudie).** Ausbau des Vortriebs / Tunnelinnenschale aus Ortbeton. Maximale Temperaturverteilung der verschiedenen Ausbaustufen. Links: Tunnelsohle. Rechts: Innenschale im Kämpferbereich. Die Maximaltemperaturen (rot) lagen im Bereich von 65 bis 70°C.

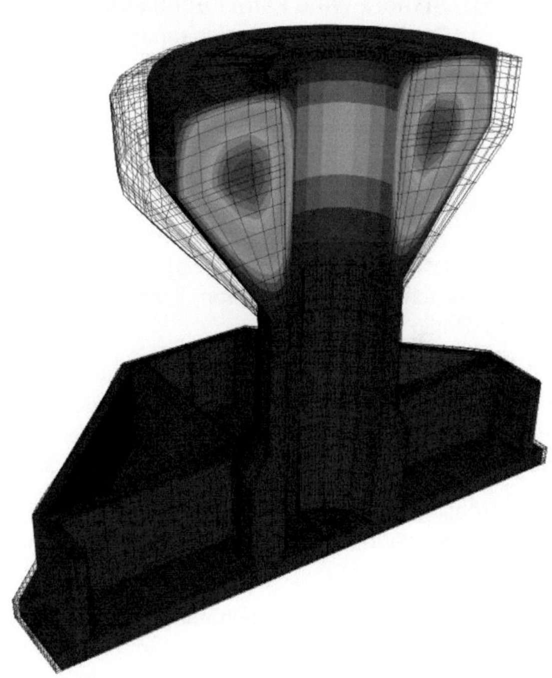

Abb. 10: **Offshore Wind Farm Foundation (Designstudie).** Temperaturverteilung am symmetrischen Halbsystem ca. 30 d nach Betonagebeginn. Das Gitternetz zeigt die resultierende Verformung.

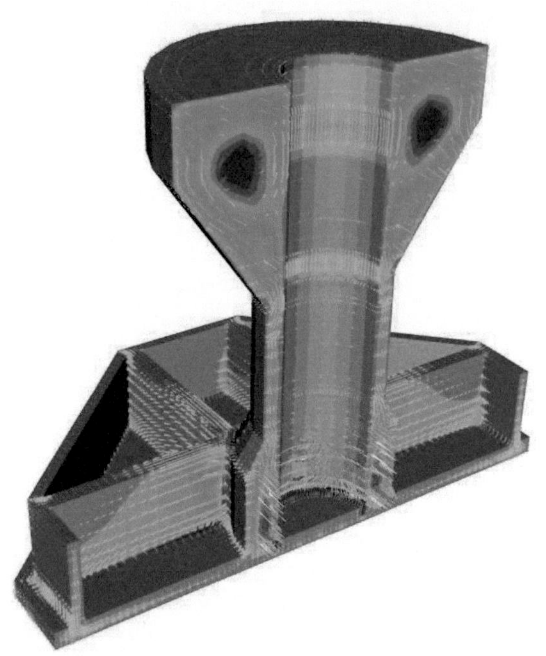

Abb. 11: **Offshore Wind Farm Foundation (Designstudie).** Hauptspannungsverteilung und Trajektorien ca. 30 d nach Betonagebeginn.

## 6 Literatur

[1] Eierle, B., Schikora, K. (2000): Zwang und Rissbildung infolge Hydratationswärme – Grundlagen, Berechnungsmodelle und Tragverhalten. Deutscher Ausschuss für Stahlbeton, Heft 512, Beuth-Verlag, Berlin

[2] Rostâsy, F., Krauß, M. (2001): Frühe Risse in massigen Betonbauteilen – Ingenieurmodelle für die Planung von Gegenmaßnahmen. Deutscher Ausschuss für Stahlbeton, Heft 520, Beuth-Verlag, Berlin

[3] Röhling, S. (2009): Zwangsspannungen infolge Hydratationswärme. 2. Auflage, Verlag Bau+Technik, Düsseldorf

[4] Nietner, L. (2009): Mathematische Formulierung von Werkstoffmodellen für die Berechnung von hydratationsbedingten Zwangspannungen in massigen Betonbauteilen. Dissertation, Universität Leipzig

[5] Nietner, L., Schmidt, D. (2003): Temperatur- und Festigkeitsmodellierungen durch Praxiswerkzeuge. Beitrag in: Beton- und Stahlbetonbau 98, Heft 12, Verlag Ernst&Sohn, Berlin

[6] Verein Deutscher Zementwerke (VDZ): Zementtaschenbuch, Verlag Bau+Technik, Düsseldorf

[7] Stark, J., Wicht, B. (2001): Dauerhaftigkeit von Beton – Der Baustoff als Werkstoff. Birkhäuser Verlag, Basel, Schweiz.

[8] Mangold, M. (1994): Die Entwicklung von Zwang- und Eigenspannung in Betonbauteilen während der Hydratation. Dissertation, Technische Universität München

[9] König, G., Tue, N.V. (1996): Grundlagen und Bemessungshilfen für die Rissbreitenbeschränkung im Stahlbeton und Spannbeton. Deutscher Ausschuss für Stahlbeton, Heft 466, Beuth-Verlag, Berlin

[10] Bilfinger Berger AG, Zentrales Labor für Baustofftechnik Leipzig, Internes Forschungsvorhaben TEMP!Riss® bzw. div. Projektunterlagen (unveröffentlicht, Kontakt über Autor)

[11] Dhondt, G. (2004): The Finite Element Method for threedimensional thermomechanical applications. Wiley Publishers

[12] Bundesanstalt für Wasserbau (2004): Rissbreitenbegrenzung für frühen Zwang in massiven Wasserbauwerken, Merkblatt.

# Statisch und dynamisch bedingte Risse

Jürgen Schnell

**Zusammenfassung**
Der Beitrag beschäftigt sich zunächst mit normativen Anforderungen an Rissbreiten. Nach einer Charakterisierung der unterschiedlichen Rissarten wird auf den wesentlichen Unterschied von Last und Zwang und auf das Wesen von Eigenspannungen eingegangen. Beispiele zur steifigkeitsorientierten Beschränkung von Rissbreiten runden den Artikel ab.

## 1 Allgemeines

Rissvermeidung kann bei rein zwangbeanspruchten Bauteilen ein anzustrebendes Ziel sein. Im Allgemeinen geht es aber nicht um die Verhinderung von Rissen sondern um die Begrenzung der Rissbreiten auf unschädliche Werte im Gebrauchszustand.

Allgemein gilt: Die Rissbreite ist so zu beschränken, dass

- die Standsicherheit und ordnungsgemäße Nutzung des Tragwerks,
- sein Erscheinungsbild und
- seine Dauerhaftigkeit

nicht beeinträchtigt werden.

Die Gewährleistung der Dauerhaftigkeit erfordert die Berücksichtigung der Umgebungsbedingungen. In Abhängigkeit von den Expositionsklassen (nach Tabelle 3, DIN 1045-1) werden in Tabelle 19 (DIN 1045-1) Mindestanforderungsklassen festgelegt (siehe Abb. 1).

| Zeile | Spalte | 1 | 2 | 3 | 4 |
|---|---|---|---|---|---|
| | Expositionsklasse | Mindestanforderungsklasse | | | |
| | | Vorspannart | | | |
| | | Vorspannung im nachträglichem Verbund | Vorspannung im sofortigem Verbund | Vorspannung ohne Verbund | Stahlbetonbauteile |
| 1 | XC1 | D | D | F | F |
| 2 | XC2, XC3, XC4 | C[a] | C | E | E |
| 3 | XD1, XD2, XD3[b], XS1, XS2, XS3 | C[a] | B | E | E |

Abb.1: Mindestanforderungsklassen in Abhängigkeit von der Expositionsklasse

Innenbauteile müssen nicht nach Zeile 2 eingestuft werden, nur weil sie in der Bauzeit mit der Außenluft in Berührung kommen. Die Depassivierung der Bewehrung durch Karbonatisierung schreitet langsam voran – die Bauzeit darf vernachlässigt werden.

Den einzelnen Anforderungsklassen werden dann in Abb. 2 unter den angegebenen Einwirkungskombinationen einzuhaltende Rechenwerte der Rissbreite $w_k$ zugeordnet:

| Zeile | Spalte | 1 | 2 | 3 |
|---|---|---|---|---|
| | Anforderungsklasse | Einwirkungskombination für den Nachweis der | | Rechenwert der Rissbreite $w_k$ in mm |
| | | Dekompression | Rissbreitenbegrenzung | |
| 1 | A | selten | — | 0,2 |
| 2 | B | häufig | selten | |
| 3 | C | quasi-ständig | häufig | |
| 4 | D | — | häufig | |
| 5 | E | — | quasi-ständig | 0,3 |
| 6 | F | — | quasi-ständig | 0,4 |

Abb. 2: Anforderungen an die Begrenzung der Rissbreite

Mit der Einhaltung der Anforderungen nach den Tabellen 18 und 19 der DIN 1045-1 gelten die Anforderungen hinsichtlich der Dauerhaftigkeit und des Erscheinungsbildes als erfüllt. Für bestimmte Bauteile, können hinsichtlich der Funktionsfähigkeit strengere Anforderungen sinnvoll sein (z. B. bei Wasserbehältern hinsichtlich der Dichtigkeit – vgl. hierzu DAfStb-Richtlinie *Wasserundurchlässige Bauwerke aus Beton* oder Industriefußböden hinsichtlich der Flankenbruchneigung bei Befahrung).

Stahlfließen ist in zugbeanspruchten Querschnittsteilen im Grenzzustand der Gebrauchstauglichkeit unbedingt zu vermeiden.

Die beim Nachweis der Rissbreitenbegrenzung einzuhaltenden Rissbreiten sind Rechenwerte und stellen Anhaltswerte dar. Eine gelegentliche geringfügige Überschreitung dieser Werte im Bauwerk ist bei Anwendung der in DIN 1045-1 festgelegten Nachweisverfahren nicht auszuschließen.

**Anmerkung zur bauaufsichtlichen Relevanz von Gebrauchstauglichkeitsnachweisen**

Sofern Nachweise zur Gebrauchstauglichkeit ausschließlich wirtschaftlichem Interesse dienen und negative Auswirkungen auf die dauerhafte Standsicherheit auch für Laien rechtzeitig erkennbar werden, bestehen aus bauaufsichtlicher Sicht keine Forderungen, weil dies über den „Zweck der Gefahrenabwehr“ hinausginge.

In anderen Fällen kann z. B. durch unkontrollierte Rissbildung ausgelöste Korrosion zu einer Gefährdung der Standsicherheit führen. In diesen Fällen sind Nachweise im Grenzzustand der Gebrauchstauglichkeit bemessungsbestimmend und bauaufsichtlich gefordert.

→ Der Zweck des Nachweises ist entscheidend!

## 2 Rissarten

Risse können sehr unterschiedliche Ursachen aufweisen:

- Risse längs der Bewehrung

*Ursache:* Setzen des Frischbetons, Frühschwinden des noch plastischen Betons (Schrumpfen).

Derartige Risse können sehr breit werden (über 1 mm). Sie folgen der oberflächennahen Bewehrung und bleiben auf die Tiefe der Betondeckung beschränkt.
*Vermeidung*: Richtige Betonzusammensetzung, ausreichende Verdichtung (Nachverdichtung), Vakuumbehandlung, Schutz vor frühzeitigem Wasserverlust.

- Netzartige Oberflächenrisse

*Ursache:* Eigenspannungen durch Abfließen der Hydratationswärme und infolge nichtlinearem Feuchtegradienten.

Solche Risse sind im Allgemeinen fein und reichen nur wenige Zentimeter in den Betonkörper. Sie bilden ein feinverteiltes, regelloses Bild (Krakelee - Risse); sie können aber auch einer oberflächennah liegenden Bewehrung folgen. (Bewehrung stellt immer eine Schwächung der Betonquerschnittsfläche im Hinblick auf rechtwinklig zu den Stäben wirkenden Zugspannungen dar.)
*Vermeidung:* Schutz des jungen Betons gegen frühzeitige schnelle Abkühlung oder Austrocknung, geeignete Betonzusammensetzung, frühzeitiges Vorspannen.

- Trennrisse

*Ursache:* Zentrisch oder wenig exzentrisch wirkende Zugnormalkräfte (keine Druckzone im Querschnitt), hervorgerufen durch äußere Lasten oder durch Zwang.

- Biegerisse

*Ursache:* Biegung mit und ohne Längskraft (Druckzone im Querschnitt vorhanden) infolge äußerer Lasten oder durch Zwang.

- Schubrisse

*Ursache:* Querkräfte oder Torsionsmomente infolge äußerer Lasten oder Zwang.

- Sammelrisse

*Ursache:* Die rissverteilende Wirkung der Bewehrung bleibt auf einen begrenzten Einflussbereich um die Bewehrung herum beschränkt. Außerhalb dieser Wirkungszone laufen Biege- oder Trennrisse in hohen oder dicken Bauteilen mit am Rand konzentrierter Bewehrung zu breiteren und u. U. klaffenden Sammelrissen zusammen. Die Vermeidung von klaffenden Sammelrissen gelingt durch die Anordnung zusätzlicher rissverteilender Bewehrung über die Bauteildicke oder die Bauteilhöhe (wichtig in hohen Balkenstegen oder in Zuggurten; in dicken Wänden meist entbehrlich, da hier breitere Risse im Wandinneren nicht stören.)

- Verbundrisse

*Ursachen:* Spaltzugspannungen, die im Zusammenhang mit der Aufnahme von Verbundspannungen um die Bewehrungsstäbe entstehen.

Der Bildung von sichtbaren Rissen gehen **Mikro- oder Gefügerisse** voraus. Hierbei handelt es sich um feine, kurze Risse, die im Mörtel oder vorwiegend in den Grenzflächen zwischen Zuschlagkörnern und Mörtel entstehen und zwar zunächst infolge von lokalen Spannungsspitzen.

## 3 Direkte und indirekte Einwirkungen / Last und Zwang

### 3.1 Direkte Einwirkungen

Direkte Einwirkungen (von außen angreifende Kräfte und Kräftepaare) sind die Folge von Gravitation (z. B. Eigenlast, Personenlast, Schneelast, Wasser- und Erddruck), Strömung (z. B. Windlast) oder Stoß (z. B. Anpralllast). DIN 1080, Teil 1, Ausgabe Juni 1976, definiert: *Die Benennung „Last" wird für Kräfte verwendet, die von außen auf ein System einwirken, aber keine Reaktionskräfte sind.*

### 3.2 Indirekte Einwirkungen

Indirekte Einwirkungen sind aufgezwungene oder behinderte Verformungen oder Bewegungen, die z. B. von Temperaturänderungen, Feuchtigkeitsänderungen, ungleicher Setzung oder Erdbeben herrühren (vgl. DIN 1055-100, Abs. 3.1.2.3).

Indirekte Einwirkungen sind lastunabhängig. Sie entstehen durch:

- Hydratationswärmeentwicklung des erhärtenden Betons,
- Witterungseinflüsse (einschließlich sonnenstrahlungsbedingter Temperaturänderungen), Änderung der Temperatur umgebender Medien,
- Schwinden und Quellen des Betons,
- ungleiche Hebungen oder Setzungen des Baugrundes.

Die indirekten Einwirkungen infolge von Temperatur- und Feuchteänderungen können aus Anteilen bestehen, die über die Bauteildicke linear oder nichtlinear verteilt sind. Im Allgemeinen sind sie nichtlinear verteilt und über die Zeit veränderlich:

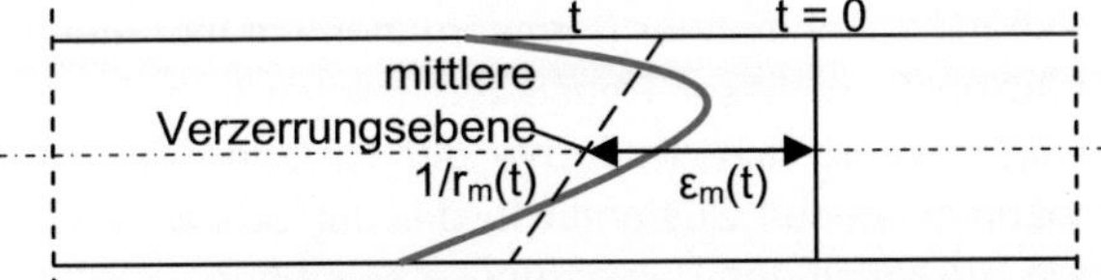


Abb. 3: Nichtlineare Verteilung der indirekten Einwirkungen

Dehnungen können nur als Änderung zu einer Ausgangssituation (t = 0) definiert werden.

Der Verformungswille jeder einzelnen Querschnittsfaser wird begrenzt durch:

3.2.1 Ebenbleiben der Querschnitte

Das *Ebenbleiben der Querschnitte* ist keine Rechenvereinfachung sondern es beschreibt bei balkenförmigen Bauteilen das tatsächliche Verhalten (außerhalb von Diskontinuitätsbereichen). Blieben die Querschnitte nicht eben, müsste sich bei ausgedehnten Bauteilen der Temperaturverlauf am Endquerschnitt ablesen lassen: Er müsste sich entsprechend dem Temperaturverlauf verkrümmen!

Demzufolge kann sich jede einzelne Querschnittsfaser nicht entsprechend ihrer individuellen Temperatur- oder Feuchteänderung verlängern oder verkürzen. Vielmehr stellt sich im ungezwängten System eine mittlere Verzerrungsebene ein.

Aus dem Unterschied zwischen dem individuellen Verformungswillen jeder einzelnen Querschnittsfaser und der sich tatsächlich einstellenden mittleren Verformung resultieren Eigenspannungen („innerer Zwang") – s. Abschnitt 4.

3.2.2 Verformungsbehinderung

Sind darüber hinaus die Verformungen aus gemitteltem Verzerrungswillen infolge statisch unbestimmter Lagerung behindert, entstehen zusätzlich Zwangspannungen und Auflagerreaktionen.

Die Auflagerkräfte müssen untereinander im Gleichgewicht stehen ($\sum$M, V, H = 0).

Zwang kann in einem Bauteil auch durch indirekte Einwirkungen auf benachbarte, verbundene Bauteile eines Tragwerks oder z. B. durch Stützensenkung, -verdrehung, -verschiebung entstehen.

### 3.3 Statisch unbestimmte Systeme

Statisch unbestimmte Systeme sind dadurch gekennzeichnet, dass die Auflager die freie Verformung behindern/verhindern.

Wesentlich ist es, zu erkennen, dass Lastschnittgrößen grundsätzlich einen anderen Charakter als Zwangschnittgrößen haben. Dies soll nachfolgend an einem Beispiel erläutert werden. Im Kraftgrößenverfahren wird das Stützmoment als statisch Überzählige gewählt.

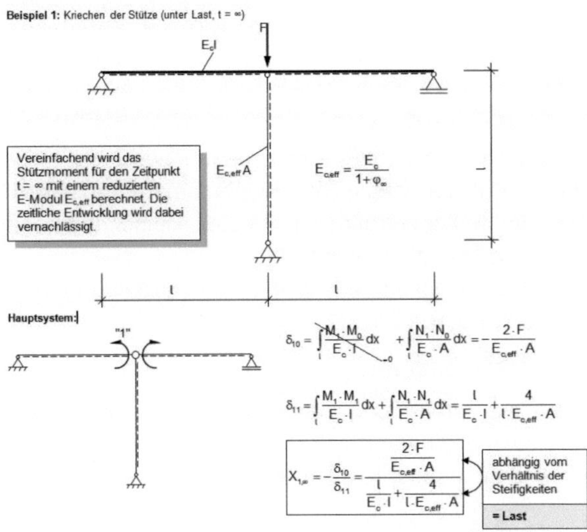


Abb. 4: Statisch überzählige Lastschnittgröße

Für alle statisch Überzähligen treten unter Last immer in Zähler und Nenner Steifigkeiten (Dehnsteifigkeit EA, Biegesteifigkeit EI etc.) auf. Eine Änderung der Steifigkeiten bewirkt deshalb eine Umverteilung der Schnittgrößen im System. Im vorliegenden Fall gilt: Wird die Stütze „weicher", vergrößert sich das Biegemoment im Balken und die Längskraft in der Stütze nimmt ab.

Die begrenzte Momentenumlagerung bei Durchlaufträgern folgt diesem Prinzip: Durch Rissbildung über der Stütze verringert sich das Stütz- und vergrößert sich das Feldmoment.

Dementgegen kann bei indirekten Einwirkungen eine örtliche Reduzierung von Steifigkeit nie zum Anwachsen von Schnitt- oder Auflagergrößen in anderen Tragwerksteilen führen.

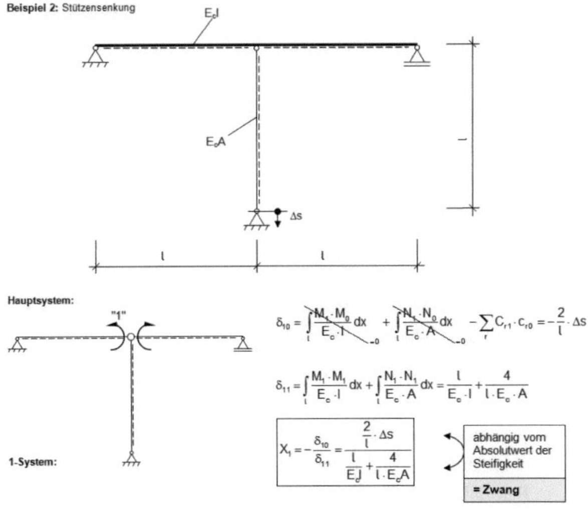


Abb. 5: Statisch überzählige Zwangschnittgröße

Weil die Ausdrücke 1/EA und 1/EI bei statischen Unbestimmten infolge Zwang ausschließlich im Nenner stehen, erkennt man leicht, dass jede Reduzierung von Dehn- und/oder Biegesteifigkeit an irgendeiner Stelle des Tragwerks zu einer Abnahme der Stützmomentes führt. Gleiches gilt für alle Schnitt- und Auflagergrößen.

Das Kriechen sorgt dafür, dass sowohl die Normalkraft in der Stütze, das Biegemoment im Balken und die Auflagerkräfte mit der Zeit kleiner werden. Kriechen baut also Zwang ab.

Eine Steifigkeitsreduktion durch Rissbildung zeitigt den gleichen Effekt.

### 3.4 Rissbildung

Auch die Rissbildung unterscheidet sich unter Last und Zwang grundsätzlich. Dies wird an der Arbeitslinie des zugbeanspruchten Stahlbetons deutlich:

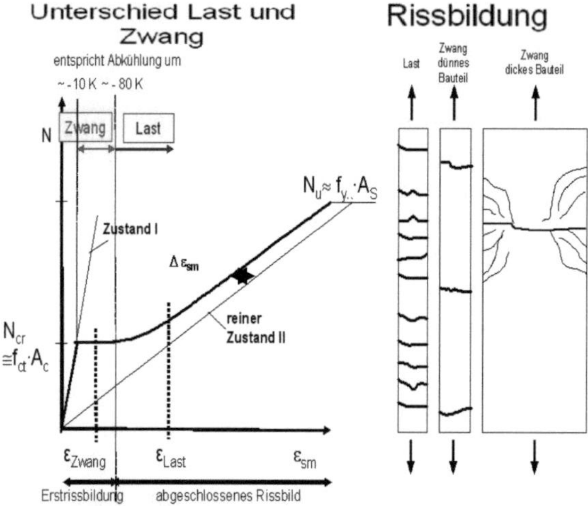


Abb. 6: Rissbildung im Stahlbeton

Entscheidend ist, dass das abgeschlossene Erstrissbild bei üblichen Bewehrungsgraden in der Regel erst bei Dehnungen $\varepsilon_{sm} \geq 0{,}8$ ‰ erreicht wird, so dass bei normalen Temperatur- und Schwindeinwirkungen die Stahlspannung im Riss nicht über das Erstrissniveau hinaus ansteigt. Beim Erreichen der Rissschnittgröße $N_{cr}$ setzt die Rissbildung ein. Mit jedem entstehenden Riss nehmen $\Delta l$ und damit $\varepsilon_{sm}$ etwas zu, ohne dass zunächst die Beanspruchung gesteigert wird. Damit verläuft die Last-Verformungslinie horizontal, bis die Phase der Erstrissbildung durchlaufen ist und das so genannte abgeschlossene Erstrissbild erreicht ist.

Diese Voraussetzung liegt den Nachweisen zur Mindestbewehrung zu Grunde, die deshalb unabhängig von der Größe der zwangerzeugenden Dehnung gewählt werden kann.

Einzelne Risse in großem Abstand sind typisch für gezwängte Bauteile.

Unter direkter Einwirkung oberhalb des Erstrissniveaus bildet sich dagegen – wenn man die Streuung der Zugfestigkeit vernachlässigt – sofort das abgeschlossene Erstrissbild aus und darüber hinaus entstehen – je nach Lastniveau – im Rahmen der sukzessiven Rissbildung noch einige zusätzliche Zwischenrisse, wobei die Tendenz zur Bildung neuer Risse mit zunehmender Beanspruchung immer mehr zurückgeht. In dieser Phase der sukzessiven Rissbildung nähert sich die Kurve der Geraden des so genannten reinen Zustands II, die der ausschließlichen Steifigkeit des Bewehrungsstahls ohne jegliche Mitwirkung des Betons entspricht.

Generell wird in der Literatur Zwang mit Verbleiben der Schnittgrößen auf Erstrissniveau in Zusammenhang gebracht. Tatsächlich können bei entsprechend großen indirekten Einwirkungen, die behinderte Dehnungen $\varepsilon_{sm} \geq 0{,}8$ ‰ bewirken (z. B. im Industriebau), die Zwangschnittgrößen auch deutlich über das Erstrissniveau hinaus ansteigen.

## 4 Eigenspannungen (innerer Zwang)

Indirekte Einwirkungen wie Temperatur- oder Austrocknungsgradienten sind nur in Ausnahmefällen linear über den Bauteilquerschnitt verteilt. Bei Außenbauteilen sorgt z. B. die täglich schwankende Außenlufttemperatur, denen die Temperaturzustände im Bauteilinneren zeitlich versetzt nachlaufen, für ausgeprägt gekrümmte Temperaturgradienten. Stets nur zeitlich begrenzt auftretende Sonneneinstrahlung verstärkt diesen Effekt noch.

Auch beim Abfließen der Hydratationswärme im jungen Beton wird der Querschnitt stark nichtlinear beansprucht. Der Verformungswille jeder einzelnen Querschnittsfaser bedeutet eine Unverträglichkeit mit dem tatsächlich auftretenden Ebenbleiben des Querschnitts. Ist also der Beanspruchungsgradient über die Querschnittshöhe nichtlinear, so sind Eigenspannungen unvermeidlich. Das Integral über diese Spannungen nimmt in jedem Querschnitt den Wert Null an. Es entstehen weder Schnittkräfte und Schnittmomente, noch Auflagerkräfte. Die Eigenspannungen sind unabhängig vom statischen System und treten also gleichermaßen in statisch bestimmten wie in statisch unbestimmten Systemen auf.

Eigenspannungen werden in der Bemessung nicht unmittelbar beachtet. Z. B. in Normen werden sie aber durch konstruktive Regeln oder Einflussfaktoren berücksichtigt. So begründet sich beispielsweise der dickenabhängige Faktor k bei der Ermittlung der Mindestbewehrung nach DIN 1045-1, Abs. 11.2.2 (5) u. a. mit einer Vorschädigung des Querschnittes durch Oberflächenrisse infolge Eigenspannungen.

### 4.1.1 Betonieren einer Wand ohne Aufbringen von Wärmedämmung

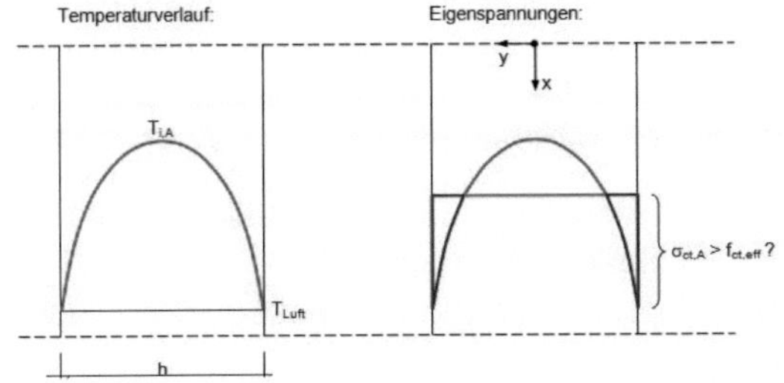


Abb. 7: Nichtlineare Temperaturverteilung in einer Betonwand

### 4.1.2 Nachbehandlung einer frisch betonierten Wand durch Aufbringen von Wärmedämmung

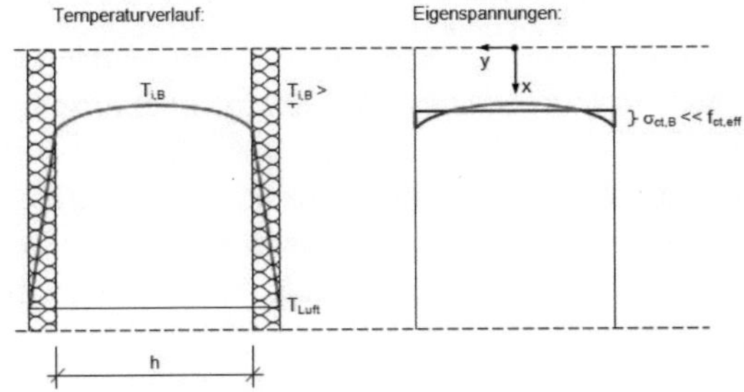


Abb. 8: Nichtlineare Temperaturverteilung in einer betonierten Wand (mit aufgebrachter Wärmedämmung)

Bis zum Erreichen der Zugfestigkeit des Betons gilt das Hook´sche Gesetz ($\sigma = \varepsilon \cdot E$). Durch Rissbildung werden Eigenspannungen wirkungsvoll abgebaut.

Beim Abfließen der Hydratationswärme kann durch geeignete Nachbehandlung (Aufbringen von Wärmedämmung) das Entstehen von Eigenspannungsrissen („Schalenrissen") vermieden werden.

Extreme Temperaturgradienten und damit große Eigenspannungen entstehen bei schockartiger Abkühlung (z. B. Kälteschock bei Sicherheitsbehältern von Flüssigkeitstanks) oder Erwärmung (z. B. Brandlastfall) am Querschnittsrand. Ein Stahlbetonbauteil reagiert dann mit starker Rissbildung bzw. mit Abplatzen der äußeren Betonschichten.

## 5 Mechanik des Rissgeschehenes

Die Erläuterung des Rissgeschehens erfolgt am einfachsten Beispiel, einem zentrisch belasteten Stahlbeton-Zugstab. Zugzonen mit nicht konstanter Spannungsverteilung, z. B. in Biegebalken, weisen ein im Prinzip gleiches Verhalten auf. Das Beispiel dieses Zugstabes kann als Ausschnitt aus einer beliebigen Zugzone betrachtet werden.

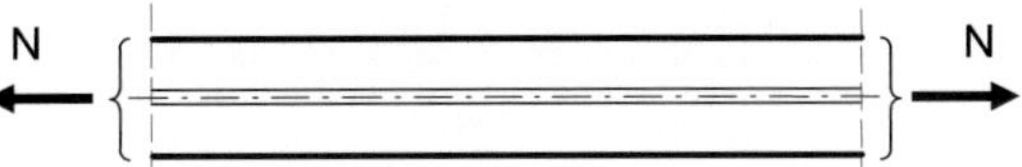


Abb. 9: Beispiel Zugstab

Der Übersichtlichkeit halber ist die Längsbewehrung zu einem zentrischen Stab zusammengefasst. Die Beanspruchung durch eine positive Normalkraft N kann aus äußeren Lasten, aus Zwang oder aus einer Kombination von Beiden herrühren.

Für die Einleitung der Risskraft beidseits der Rissufer in den Beton ist es völlig gleichgültig, ob die Schnittgrößen aus Last (direkte Einwirkung) oder Zwang (indirekte Einwirkung) oder einer Kombination aus Beiden stammen. Der grundsätzliche Unterschied im Tragwerksverhalten liegt im Abbau der Zwangschnittgrößen durch Rissbildung begründet.

Sobald die Zugspannung die aktuelle Zugfestigkeit des Betons erreicht, kommt es zur Bildung eines Trennrisses.

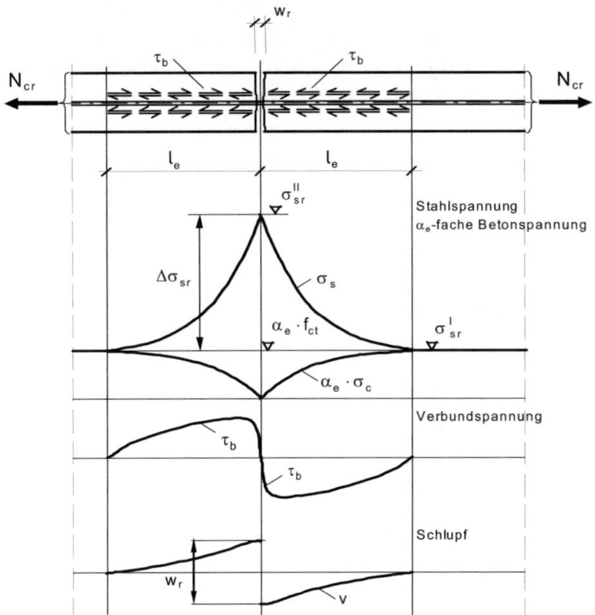


Abb. 10: Spannungsverlauf in der Umgebung des 1. Risses

Z. B. für einen Einzelriss auf Erstrissniveau ergibt sich die Bewehrungsmenge $A_s$, die erforderlich ist, um die Rissbreite auf das Maß $w_k$ zu beschränken, wie folgt:

$$\text{erf } A_s = \sqrt{\frac{(k \cdot f_{ct,eff} \cdot A_{ct})^2 \cdot d_s}{6 \cdot w_k \cdot E_s \cdot f_{ct,eff}}} \qquad (1)$$

mit

k Beiwert zur Berücksichtigung von nichtlinear verteilten Betonzugspannungen und weiteren risskraftreduzierenden Einflüssen (k = 0,5 ÷ 0,8 – je nach Bauteildicke, k = 1,0 bei Zugspannungen infolge außerhalb des Bauteils hervorgerufenen Zwangs)

$f_{ct,eff}$ wirksame Zugfestigkeit des Betons zum betrachteten Zeitpunkt. Für $f_{ct,eff}$ ist bei diesem Nachweis der Mittelwert der Zugfestigkeit $f_{ctm}$ einzusetzen. Dabei ist diejenige Festigkeitsklasse anzunehmen, die beim Auftreten der Risse zu erwarten ist. Wenn der maßgebende Zwang aus dem Abfließen der Hydratationswärme entsteht, kann die Rissbildung in den ersten ca. 1 bis 5 Tagen nach dem Einbringen des Betons in Abhängigkeit von den Umweltbedingungen, der Form des Bauteils und der Art der Schalung auftreten. In diesem Fall darf, sofern kein genauerer Nachweis erfolgt, die Betonzugfestigkeit $f_{ct,eff}$ zu 50 % der mittleren Zugfestigkeit nach 28 Tagen gesetzt werden. Falls vom Tragwerksplaner diese Annahme getroffen wird, ist dies u. a. auf den Ausführungsplänen zu dokumentieren. Wenn der Zeitpunkt der Rissbildung nicht mit Sicherheit innerhalb der ersten 28 Tage festgelegt werden kann, sollte beim Nachweis der Mindestbewehrung mindestens eine Zugfestigkeit von 3 N/mm² für Normalbeton angenommen werden.

$A_{ct}$ Betonquerschnittsfläche

$d_s$ Stabdurchmesser der verwendeten Betonstähle

$w_k$ angestrebte Rissbreite (oberer Fraktilwert)

$E_s$ Elastizitätsmodul des Betonstahls

Man erkennt unmittelbar: Die erforderliche Bewehrungsmenge steigt mit einer Zunahme der effektiven Betonzugfestigkeit, größerer Querschnittsfläche, größerem Stabdurchmesser und kleiner werdenden Rissbreite.

Obenstehende Beziehung berücksichtigt langzeitig einwirkenden Zwang. Bei nur kurzzeitig wirkender Einwirkung (z. B. Abfließen der Hydratationswärme) darf dies durch einen Abminderungsfaktor berücksichtigt werden.

## 6 Steifigkeitsverteilung im Tragwerk

In vielen Fällen ist ein Nachweis der Rissbreite für einen einzelnen Querschnitt nicht zielführend. Vielmehr entscheidet die Steifigkeitsverteilung im Tragwerk darüber, ob einzelne Querschnitte voll gezwängt werden oder ob die Beanspruchung infolge indirekter Einwirkungen auch über das Erstrissniveau hinaus ansteigen kann. Liegen z. B. gezwängte Bauteile mit über die Länge veränderlichen Querschnittsabmessungen vor, so ist zunächst Rissbildung in den schwachen Querschnittsbereichen zu erwarten. Erst nach Erreichen des abgeschlossenen Erstrissbildes im schwachen Querschnittsteil steigt die Zwangkraft an und kann u. U. das Rissniveau in stärkeren Bereichen erreichen.

### 6.1 Mittlere Dehnung in Bauteilen mit Querschnittssprüngen

Gleichmäßige Abkühlung $\Delta T$ über die gesamte Bauteillänge.

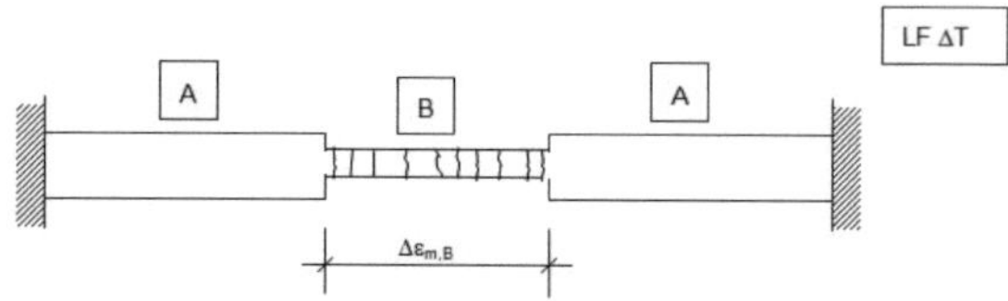


Abb. 11: Bauteil mit Querschnittssprung

Um überprüfen zu können, ob die Dehnung im schwachen, gerissenen Teil (B) zusammen mit der Dehnung in den ungerissenen Bereichen (A) bereits zur Herstellung der Verträglichkeit mit den verhinderten Dehnungen des Gesamtsystems ausreicht, muss die mittlere Dehnung $\Delta\varepsilon_{m,B}$ des gerissenen Bereiches bekannt sein.

Die mittlere Dehnung in Höhe der Bewehrungslage (bei Zugstäben entspricht dieser Wert der Stabverlängerung insgesamt) kann ab Erreichen des abgeschlossenen Erstrissbildes für lang andauernde oder wiederholte Belastung wie folgt abgeschätzt werden:

$$\varepsilon_{sm} = \varepsilon_s - \Delta\varepsilon_{sm} = \varepsilon_s - 0{,}4 \cdot \frac{f_{ct,m} \cdot A_{c,eff}}{E_s \cdot A_s} = \varepsilon_s - 0{,}4 \cdot \frac{f_{ct,m}}{E_s \cdot \text{eff}\rho} \qquad (2)$$

mit

$\varepsilon_{sm}$ mittlere Stahldehnung

$\varepsilon_s$ Stahlspannung im Riss

$\Delta\varepsilon_{sm}$ Versteifungswirkung des Betons zwischen den Rissen

$\text{eff}\rho$ = $A_s/A_{c,eff}$

Die Versteifung durch Mitwirkung des Betons zwischen den Rissen (tension stiffening) wird vereinfachend mit einem konstanten Wert $\Delta\varepsilon_{sm}$ angenommen. Der (geringe) zusätzliche Steifigkeitsabfall infolge sukzessiver Rissbildung bleibt dabei unberücksichtigt.

Die Mitwirkung des Betons zwischen den Rissen führt bei kleinen Bewehrungsprozentsätzen, wie sie bei üblichem Zwang regelmäßig auftreten, noch zu einer signifikanten Versteifung des Systems im Vergleich zum reinen Zustand II.

Ob unter indirekten Einwirkungen die Rissbildung auf Erstrissniveau zur Herstellung einer geometrischen Verträglichkeit ausreicht, darf an Hand vorstehender Beziehung in Zweifelsfällen mit ausreichender Genauigkeit abgeschätzt werden.

### 6.2 Beispiele

Nachfolgende Skizze zeigt ein gezwängtes Bauteil mit rechteckiger Öffnung. Das Bauteil sei an den Enden unverschieblich festgehalten. Z. B. durch Schwinden entsteht dann Zwang in Form einer über die Länge konstant wirkenden verhinderten Dehnung $\varepsilon_{ind}$.

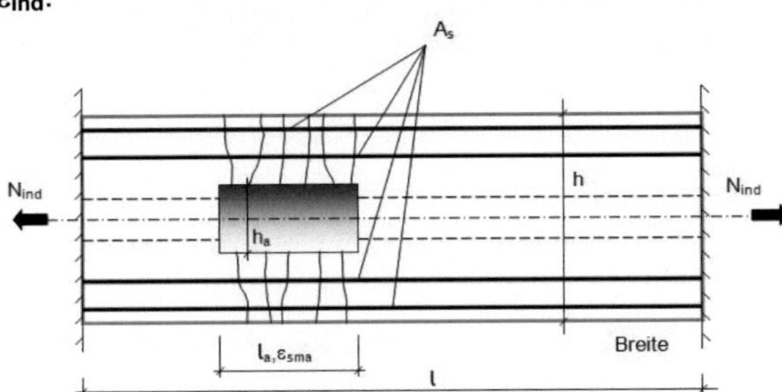


Abb. 12: Gezwängtes Bauteil mit rechteckiger Öffnung

Man wird versuchen mit einer Mindestbewehrung auszukommen, die auf den Restquerschnitt $A_{ca} = b \cdot (h - h_a)$ im Bereich der Aussparung bezogen ist. Risse können dann nur im Bereich der Aussparung entstehen, weil die maximal mögliche Zugkraft (Spannungsresultante Restquerschnitt auf Erstrissniveau) den ungeschwächten Querschnitt $A_c = b \cdot h$ nicht zum Reißen bringt. Bei Vernachlässigung der Dehnung des ungerissenen Normalquerschnittes außerhalb der Aussparung muss die gesamte Wirkung des Zwanges allein im Bereich der Aussparung aufgenommen werden. Dort entsteht infolgedessen eine Dehnung $\varepsilon_{ind} \cdot l/l_a$.

Nun ist zu überprüfen, ob die mittlere Dehnung auf Erstrissniveau im Bereich der Aussparung ausreicht, um die Zwangverformung auszugleichen.

Ist $\varepsilon_{sma}$ kleiner als $\varepsilon_{ind} \cdot l/l_a$, muss die Bewehrung $A_s$ so groß gewählt werden, dass auch der ungeschwächte Betonquerschnitt zum Reißen gebracht wird, was bedeutet, dass eine auf $A_c$ bezogene Mindestbewehrung anzuordnen ist. Die Querschnitte über und unter der Aussparung sind hinsichtlich der Rissbreite zusammen für diejenige Last zu bemessen, die zum Reißen des ungeschwächten Querschnittes erforderlich ist. Eine Mindestbewehrung für den Restquerschnitt reicht nicht aus.

Es sei darauf hingewiesen, dass theoretisch auch die Möglichkeit besteht, die Aussparung zu verlängern und damit das Verhältnis $l/l_a$ zu verkleinern, um mit der kleineren Mindestbewehrung auszukommen.

Auch gegliederte Bodenplatten sind hinsichtlich der Rissbreitenbeschränkung beim Abfließen der Hydratationswärme grundsätzlich nur für den schwächsten Querschnitt zu bemessen:

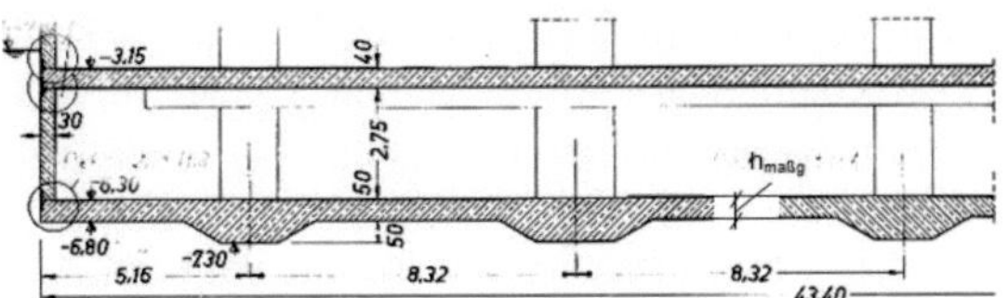


Abb.13: Gegliederte Bodenplatte

Weiterhin ist zu beachten, dass auch Bewehrung zur Rissbreitenbeschränkung kraftschlüssig zu konstruieren ist.

*Schematisches Beispiel*

Decke mit Querschnittssprung, schwacher Querschnittsteil reicht nicht zur Aufnahme der Gesamtdehnung aus → Mindestbewehrung im ungeschwächten Bereich und verstärkte Bewehrung im Steg erforderlich!

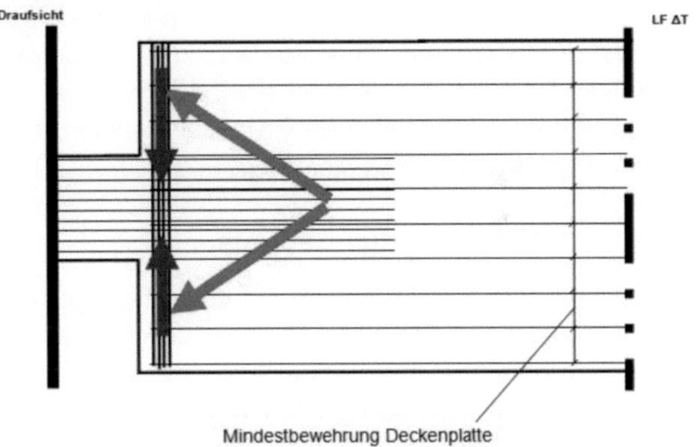


Abb. 14: Mindestbewehrung in gegliedertem Bauteil

## 7 Bodenplatten

Bodenplatten sind typische Beispiele für Tragwerke, bei denen die Zwangschnittgrößen in der Regel – zumindest in weiten Bereichen – die Rissschnittgrößen nicht erreichen. In diesen Fällen ist zur Ermittlung der Mindestbewehrung die Ermittlung der tatsächlich auftretenden Zwangschnittgrößen erforderlich.

Eine Möglichkeit, die maximal mögliche Zwangkraft $N_{ind}$ während des meist maßgebenden Abfließens der Hydratationswärme abzuschätzen, besteht in der Anwendung des Reibungsmodells:

$$N_{ind} = \gamma \cdot h \cdot \tan\varphi \cdot l' \tag{3}$$

mit

| | |
|---|---|
| $\gamma$ | spezifisches Gewicht des Betons |
| h | Dicke der Bodenplatte |
| $\tan\varphi$ | Reibungsbeiwert des Bodens |
| l´ | Abstand des Verschiebungsruhepunktes vom Bauteilrand |

Dabei ist zu beachten, dass es sich hierbei um eine Abschätzung handelt, die zumindest bei dicken Platten sehr auf der sicheren Seite liegt, weil

- zur Aktivierung der vollen Bodenreibungskräfte Verschiebungen erforderlich sind, die bei üblichen Abmessungen nicht annähernd auftreten können,
- der Boden-Halbraum sich selbst verformt, was insbesondere bei dicken Bodenplatten beachtenswert wird.

Andererseits ist zu berücksichtigen, dass:

- die Sauberkeitsschicht grundsätzlich eine Verformungsbehinderung darstellt, was bei dünnen Platten berücksichtigt werden muss,
- „Verzahnungen" mit dem Baugrund (Unterfahrten, Einzel- und Streifenfundamente, Pfähle etc.) eine zusätzliche Verformungsbehinderung erzeugen, die allerdings in nichtfelsigen Böden oftmals überschätzt wird.

Insgesamt ist bei der Ermittlung der maßgebenden Zwangschnittgrößen Ingenieurverstand gefordert. Einige nützliche Anregungen enthält *Simons, H.-J.: Einige Hinweise zum Entwurf Weißer Wannen, Beton- und Stahlbetonbau 88 (1993).*

## 8 Scheibenartige Bauteile

Bei Herstellung von Wänden auf zuvor fertiggestellten Fundamenten ergibt sich z. B. beim Abfließen der Hydratationswärme immer die Frage nach der Rissgefahr für die Wände. Vereinfachend kann man bei solchen Überlegungen die Fundamente als biege- und dehnstarr ansetzen, wenngleich sich – in Abhängigkeit von den Steifigkeitsverhältnissen – Fundamente mit verformen und sich ein dementsprechendes Rissbild zeigt.

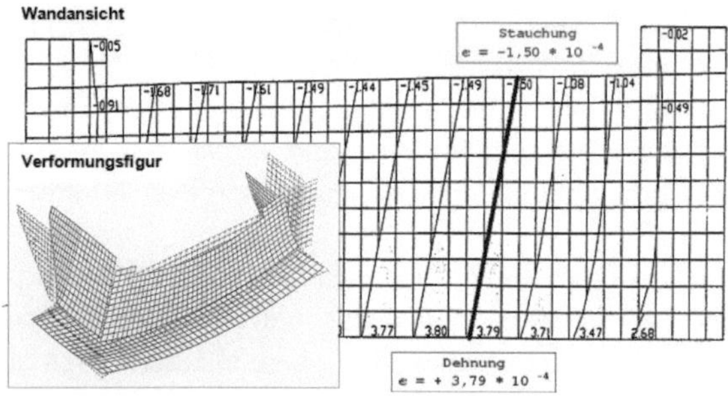


Abb. 15: Beispiel Brückenwiderlagerwand, Dehnungsverlauf

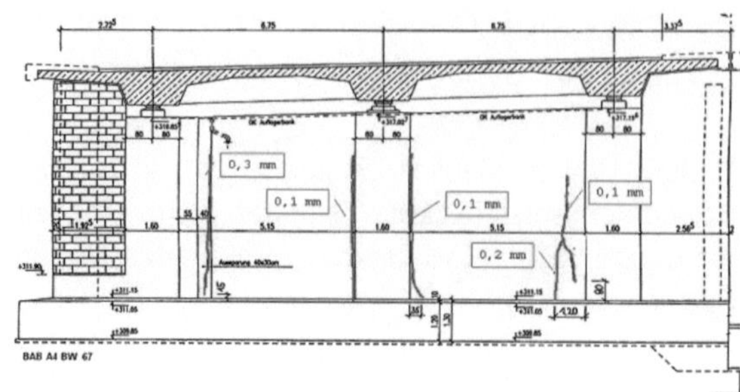


Abb. 16: Beispiel Brückenwiderlagerwand, Rissbildung

In vielen Fällen genügt jedoch die Abschätzung unter Annahme der vollständigen Fußeinspannung.

Über die Bewehrungsstrategie entscheidet dann vor allem das Seitenverhältnis l/h:

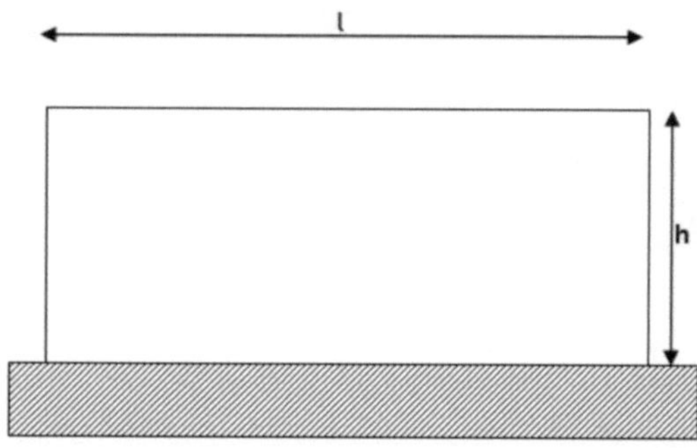


Abb. 17: Geometrisches Seitenverhältnis einer Wand

- Kurze Wand (l/h ≤ 2)

Es besteht nur eine geringe Rissgefahr. Der obere Scheibenrand entspannt sich fast vollständig während direkt oberhalb des Fundamentes mögliche Risse durch das steife Fundament „vernäht" werden.

Es sind keine Risse über die gesamte Wandhöhe zu erwarten und die Rissbreiten werden weitgehend unabhängig von der Menge der eingelegten Bewehrung klein bleiben.

- Lange Wand (l/h > 2)

Es muss mit Trennrissbildung über dies gesamte Wandhöhe gerechnet werden. Über die gesamte Wandhöhe ist eine Mindestbewehrung einzulegen, die lediglich zum Wandende hin gestaffelt werden kann. Nützliche Hinweise enthält Heft 466 des DAfStb.

Zu beachten ist, dass die vorstehenden Regeln nur für Bauteile mit konstanter Wanddicke und gleichmäßiger Abkühlung über die gesamte Wandhöhe gelten können. Andere Konstellationen – wie zum Beispiel eine abschnittsweise Herstellung – führen zu einer anderen Verteilung der Scheibenspannungen und können zu vom Regelfall deutlich abweichender Rissbildung führen.

# Risse – Erkennen, Einordnen und Untersuchen

Martin Günter und Cornelius Ruckenbrod

**Zusammenfassung**

Für die Bewertung von Rissen im Hinblick auf die Auswirkungen auf die Tragfähigkeit, die Gebrauchstauglichkeit und die Dauerhaftigkeit eines Bauteils ist eine angemessene Erkundung der Risse unerlässlich. Hierbei ist es wichtig, Risse vollumfänglich zu erkennen, bestimmten Rissarten zuzuordnen und eingehend zu untersuchen. Ergebnis dieser Tätigkeiten sind Informationen zu wichtigen Rissmerkmalen. Aus ihnen können die Ursachen der Risse und die für die sachgerechte Risseinstandsetzung zu ergreifenden Maßnahmen abgeleitet werden. Die Erkundung der Risse wird in diesem Beitrag im Einzelnen beschrieben. Anhand von Praxisbeispielen werden einige der zu beachtenden Aspekte der Risseerkundung erläutert.

## 1 Allgemeines

Bei der Stahlbetonbauweise wird planmäßig von Rissbildungen ausgegangen, denn erst bei erfolgter Rissbildung kann die Bewehrung die ihr zugedachte Funktion ausüben. Ziel bei der Planung, der Bemessung und der Herstellung eines Stahlbetonbauteils muss es sein, die Rissbildung so zu steuern und Rissbreiten so zu beschränken, dass die Anforderungen an die Tragfähigkeit, Gebrauchstauglichkeit und Dauerhaftigkeit des Bauteils erfüllt werden und im Falle von Sichtbeton auch den ästhetischen Anforderungen genüge getan wird. Es ist somit erforderlich, im Rahmen der Qualitätssicherung und der Bauunterhaltung ein Bauwerk im Hinblick auf Rissbildungen zu beobachten und bei Auffälligkeiten eine Bewertung der aufgetretenen Rissbildungen vorzunehmen.

Ausgangspunkt und Voraussetzung einer sachgerechten und systematischen Bewertung ist die Auswertung der Informationen zur Historie des Bauwerks und seiner Konstruktion sowie ein möglichst vollständiges Erkennen und grobes Einordnen der Risse in Gruppen, die bestimmte Rissarten repräsentieren. Darauf aufbauend gilt es, die Risse eingehender zu untersuchen, indem wichtige Merkmale der Risse vor Ort am Bauteil erkundet werden. In Verbindung mit betontechnologischen, bruchmechanischen und statisch-konstruktiven Überlegungen ermöglicht die Auswertung der erkundeten Rissmerkmale die Ursachen der Risse im betrachteten Fall zu benennen und Aussagen zu Art und Weise einer ggf. notwendigen Behandlung der Risse zu treffen. Die Kenntnis der grundsätzlich möglichen Rissursachen und Rissbildungsmechanismen wird vorausgesetzt. Auf die Tätigkeitsschritte Erkennen, Einordnen und Untersuchen wird nachfolgend näher eingegangen.

## 2 Erkennen und Einordnen

Nicht alle im Bauteil vorhandenen Risse reichen bis an die Bauteiloberfläche und sind damit unmittelbar augenscheinlich erkennbar. Neben an der Oberfläche erkennbaren *Anrissen oder Trennrissen des Querschnitts* ist auch mit Rissen zu rechnen, die in einer Ebene parallel zur Bauteiloberfläche verlaufen (sog. *Schalenrisse*) oder die in Form einer ausgeprägten dreidimensionalen Verästelung den Querschnitt durchsetzen (sog. *Mikrorisse*). Mikrorisse sind so fein, dass sie – sollten sie sich bis zur Bauteiloberfläche ausgebildet haben – nur unter besonderen Randbedingungen, z. B. im feuchten oder verschmutzten Zustand, erkennbar sind. Das Erkennen von Schalenrissen und Mikrorissen erfordert den Einsatz weitergehender Erkundungsmethoden; siehe Tabelle 1. Die Zuordnung erkannter Risse zu den genannten Rissarten erleichtert die Strukturierung der weiterführenden Untersuchungen. Ferner erlaubt sie u. U. eine erste, durch eingehende Untersuchungen aber noch zu verifizierende Bewertung des Gefahrenpotentials, das von den Rissen ausgeht.

Bei Rissen, die sich an der Bauteiloberfläche abzeichnen, ist zunächst durch „Abklopfen“ der Oberfläche zu prüfen, ob es sich tatsächlich um einen An- oder Trennriss des Querschnitts handelt oder ob ein in die Oberfläche einmündender Schalenriss vorliegt. Letzteres wäre der Fall, wenn in unmittelbarer Nachbarschaft zum Riss ein „Hohlklang“ vorliegen würde.

Tab. 1: Erkennen und Einordnen von Rissen

| Möglichkeiten des Erkennens | Rissart |
|---|---|
| Inaugenscheinnahme der Bauteiloberflächen | Risse, welche die Bauteiloberfläche erreichen (Anrisse oder Trennrisse des Querschnitts) |
| - Abklopfen der Bauteiloberfläche<br>- Impact-Echo Verfahren<br>- Radarverfahren<br>- Zugprüfungen | Risse parallel zur Bauteiloberfläche (Schalenrisse) |
| - Schalllaufzeitmessungen<br>- Dünnschliffuntersuchung<br>- Kapillare Saugversuche<br>- Festigkeitsprüfungen<br>- Quecksilberdruckporosimetrie | Mikrorisse |

Zumindest für das Erkennen randnah verlaufender Schalenrisse reicht das „Abklopfen" der Bauteiloberflächen aus. Muss auch eine Aussage darüber getroffen werden, ob tief im Querschnitt parallel zur Oberfläche verlaufende Risse vorliegen, kann insbesondere das impact-echo-Verfahren herangezogen werden. Dieses Verfahren beruht darauf, dass Schall an Rissen zumindest teilweise reflektiert wird. Da Mikrorisse die Geschwindigkeit der Schallausbreitung im Werkstoff reduzieren sind Schalllaufzeitmessungen besonders geeignet, um Rückschlüsse auf das Vorliegen dieser Art von Rissen ziehen zu können. Dünnschliffuntersuchungen erlauben es, auch feinste Mikrorisse, die bei schallgebenden Prüfungen u. U. noch nicht bemerkt werden aber im Hinblick auf das Erkennen eines zukünftig kritischen Schadenspotentials erkannt werden sollten, unter dem Mikroskop sichtbar zu machen. Hinweise auf Mikrorissbildungen, die bereits zu deutlichen Schwächungen bis hin zu Zermürbungen des Querschnitts geführt haben, geben u. U. auch Zugversuche und kapillare Saugversuche an entnommenen Bohrkernen. Allen nicht optischen Erkennungsmethoden ist gemein, dass sie Referenzmessungen an eindeutig nicht rissebehafteten Bereichen des Bauteils erfordern.

## 3 Untersuchen

### 3.1 Risse, welche die Bauteiloberfläche erreichen

3.1.1 Definitionen von Rissmerkmalen

Erkundungswürdige Merkmale solcher Risse sind:

- Rissverlauf
- Rissabstände
- Risstiefe
- Rissbreite
- Rissbreitenänderung
- Feuchtezustand des Risses
- Rissflankenbeschaffenheit
- Rissinhaltsstoffe
- Rissuferbeschaffenheit

Die Dokumentation des *Rissverlaufs* liefert Informationen zu *Rissabständen* sowie zur Orientierung der Risse in Bezug auf die Bauteilabmessungen. Durch Hinzuziehen der Ergebnisse statisch-konstruktiver Überlegungen hinsichtlich der zu erwartenden Hauptspannungsrichtungen und den aus äußeren Lasten zu erwartenden Rissabständen wird es möglich, bestimmte Rissursachen auszuschließen oder aber eingehender auf ihr Vorliegen hin zu untersuchen.

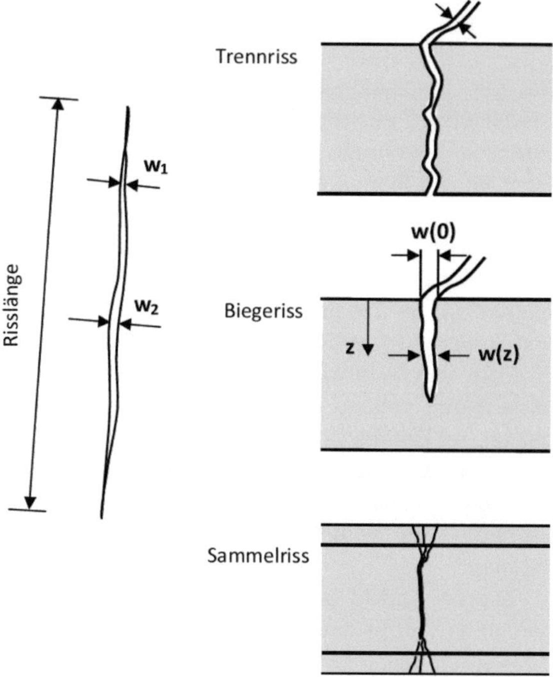


Abb. 1: Risstypen und Definition von Rissbreiten

Die *Rissbreiten,* siehe hierzu Abbildung 1, werden in der Regel an der Betonoberfläche bestimmt. Unter der Rissbreite versteht man den lichten Abstand der beiden Rissufer. Die Rissbreite ist nur in seltenen Fällen über die gesamte Risslänge konstant und muss daher stets an mehreren Stellen gemessen werden, um Fehleinschätzungen zu vermeiden. Anhand der *Risstiefe* kann eine erste Einschätzung dahingehend vorgenommen werden, durch welche Art von Spannungen die Risse entstanden sind. Anrisse könnten durch Eigenspannungen oder Biegespannungen infolge äußerer Lasten oder Zwang entstanden sein. Durchrisse lassen u. U. auf Normalspannungen oder wechselnde Biegespannungen infolge äußerer Lasten oder Zwang schließen. Auch entlang der Risstiefe ändern sich die Rissbreiten. In der Regel sind die Rissbreiten im Bereich der die Risse durchdringende Bewehrung, d.h. im „Wirkungsbereich der Bewehrung", schmaler.

*Rissbreitenänderungen*, darunter versteht man die zeitliche Veränderung der Rissbreite, werden durch Laständerungen, Temperaturänderungen sowie Schwind- und Quellverformungen des Betons hervorgerufen und können somit kurzzeitig, im Tageszyklus oder langzeitig auftreten.

Risse können trocken, feucht, nass oder wasserführend sein. Der *Feuchtezustand* gibt u. U. Auskunft darüber, ob die Gebrauchstauglichkeit des Bauteils noch erfüllt und eine sog. Selbstheilung des Risses möglich ist. Insbesondere beeinflusst der Feuchtezustand die Art der zur Rissebehandlung einsetzbaren Materialien.

Kennzeichnend für die *Rissflankenbeschaffenheit* ist, ob der Riss innerhalb des Querschnitts die Gesteinskörner des Betonzuschlags umläuft oder diese zertrennt hat, ferner, ob sich aufgrund enger Rissverzweigungen Zerstückelungen oder Zermürbungen entlang der Rissflanken ergeben haben. Ein Umlaufen der Gesteinskörner bei gleichzeitig hoher Eigenfestigkeit der Körner lässt darauf schließen, dass der Riss bereits im jungen Betonalter entstanden ist, in dem die Kontaktzonenfestigkeit des Zementsteins zum Gesteinskorn noch unter der Kornfestigkeit liegt. Starke Zermürbungen der Rissufer lassen auf häufige Rissbreitenänderungen schließen.

Häufig sind Risse ganz oder teilweise mit Stoffen unterschiedlicher Zusammensetzung gefüllt (sog. *Rissinhaltsstoffe*). Neben Schmutz und artfremden Salzen sowie anderen Substanzen, die von außen in die Risse eingetragen wurden und u. U. Rückschlüsse auf das Alter der Risse erlauben, handelt es sich dabei häufig um durch Rissflankenbewegungen zerriebenen Beton sowie um durch eingedrungenes Wasser aus dem Beton gelöste und ganz oder teilweise wieder auskristallisierte Bestandteile des Betons (i. d. R. Alkalien). Letztere lagern sich häufig auch an den Rissufern ab und werden als Aussinterungen bezeichnet. Alle genannten Rissinhaltsstoffe bewirken unter bestimmten Voraussetzungen ein „Verstopfen" bzw. eine „Selbstheilung" des Risses, was bei der Festlegung des Umfanges der Rissebehandlung zu beachten ist. Artfremde Salze, die in den Riss eingedrungen sein können, erfordern besondere Beachtung, da sie zu Korrosionsschäden am Beton und an der Bewehrung führen können und ihnen der Riss ein tiefes Eindringen in den Bauteilquerschnitt erlaubt hat. Rissinhaltsstoffe können auch aus früheren Maßnahmen der Rissebehandlung herrühren und bestehen in diesem Fall aus polymeren oder zementären Stoffen. Rissinhaltsstoffe, Rissflankenverschmutzungen und -zermürbungen erschweren das Eindringen der Rissefüllstoffe im Zuge der späteren Rissebehandlung, indem sie das zielsichere Eindringen und das Erzielen eines guten Verbundes zwischen Rissefüllstoff und Rissflanke verhindern. Dies muss bei der Bewertung der Zweckmäßigkeit einer Rissefüllmaßnahme beachtet werden.

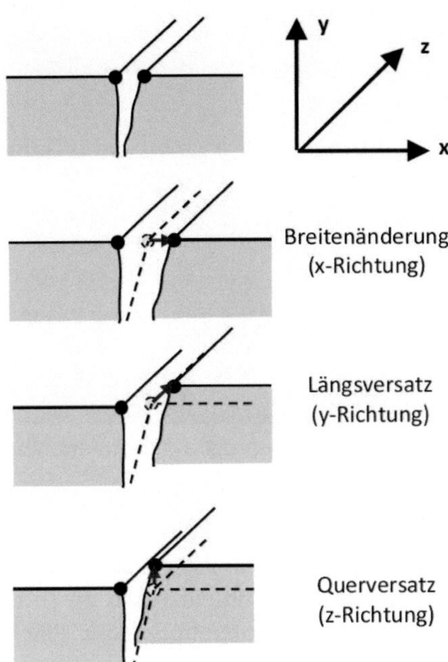


Abb. 2: Rissbreitenänderung, Rissufer und Rissuferversatz

Unter *Rissufer,* siehe hierzu Abbildung 2, versteht man die Schnittlinie der Rissflanken mit der Bauteiloberfläche. Rissufer können unter Verschleiß- und Witterungsbeanspruchungen aber auch bei Maßnahmen zur Untergrundvorbereitung (z. B. Kugelstrahlen, Sandstrahlen) ausbrechen oder sich ausrunden. Eine Rissbreitenmessung an der Bauteiloberfläche ohne zusätzliche Maßnahmen ist in solchen Fällen nicht sicher möglich bzw. führt bei Nichtbeachtung zu erheblichen Überschätzungen der Rissbreite.

Die Rissufer können auch Versätze aufweisen. Die Niveauunterschiede gegenüberliegender Rissufer (Abbildung 2) lassen u. U. auf lastbedingte Rissursachen schließen.

### 3.1.2 Methoden zur Erfassung der Rissmerkmale

Die Inaugenscheinnahme ist die effektivste Methode um einige der wichtigsten Rissmerkmale zu erfassen.

Die *Risstiefe* lässt sich bei flächigen Bauteilen in der Regel nur durch eine Bohrkernentnahme ermitteln.

Die Rissaufnahme und grafische Dokumentation wird erleichtert, wenn zunächst der Rissverlauf auf der Betonoberfläche mit Kreide nachgezeichnet wird. Hierdurch wird die Übertragung des Rissverlaufs in

Pläne, idealerweise Konstruktionszeichnungen wie Schal- oder Bewehrungspläne in geeignetem Maßstab, deutlich erleichtert.

Ein Anfeuchten von unbeschichteten Betonflächen vor der Rissaufnahme kann das Erkennen und Dokumentieren der Rissverläufe ebenfalls erheblich erleichtern.

Abb. 3: Rissverlauf erkennbar nach Anfeuchten der Oberflächen

Die Feuchtigkeit zieht verstärkt in die Risse ein, und verweilt dort nach dem Abtrocknen der Flächen länger. Dadurch zeichnen sich die Risse durch dunkle Spuren auf der hellen, abgetrockneten Fläche ab (Abbildung 3).

Die *Risslängen* werden am einfachsten mit einem handelsüblichen Meterstab ermittelt.

Parallel zu den o. g. Rissmerkmalen sind auch die relevanten, bei der Untersuchung vorliegenden Randbedingungen, wie z. B. die Bauteiltemperatur, die Witterung und die Belastungssituation zu erfassen.

Die *Rissbreiten* lassen sich mit einfachen Hilfsmitteln wie Rissbreitenvergleichsmaßstäben (Abbildung 4) oder Rissmesslupen (Abbildung 5), die in verschiedenen Ausführungsvarianten erhältlich sind, bestimmen.

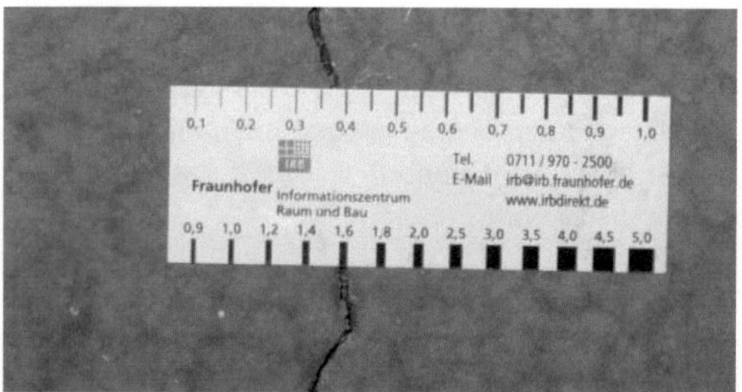


Abb. 4: Messung der Rissbreiten mit Vergleichsmaßstab einfachster Ausführung

Während beim Rissbreitenvergleichsmaßstab die Rissbreite über den Vergleich des Risses mit den auf dem Maßstab aufgedruckten Linien unterschiedlicher Breite bestimmt wird, erfolgt bei der Rissmesslupe eine direkte Messung der Rissbreite. Rissmesslupen weisen üblicherweise eine 7-fache oder 10-fache Vergrößerung auf und sollten aus einer Vergrößerungs- und einer Beleuchtungseinheit bestehen. Mit Rissbreitenvergleichsmaßstab und Risslupe erreicht man Ablesegenauigkeiten von ca. 0,05 mm.

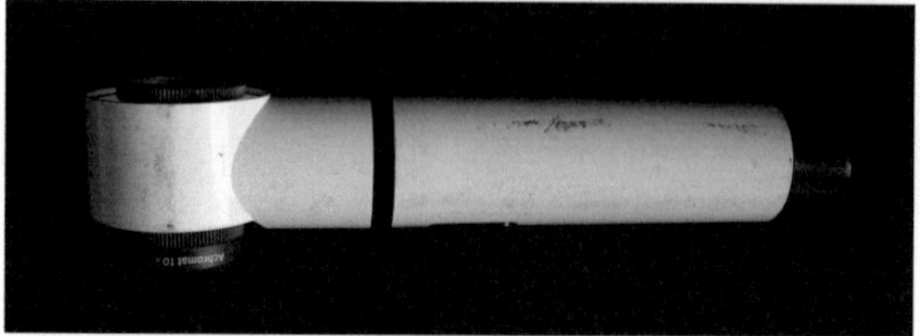

Abb. 5: Rissmesslupe mit Beleuchtungseinheit

Zur Rissbreitendokumentation bieten Prüfsystemhersteller Rissobjektive an, die eine Positionierbeleuchtung mit Ringblitz aufweisen und für nahezu alle handelsüblichen Spiegelreflexkameras geeignet sind (siehe Abbildung 6).

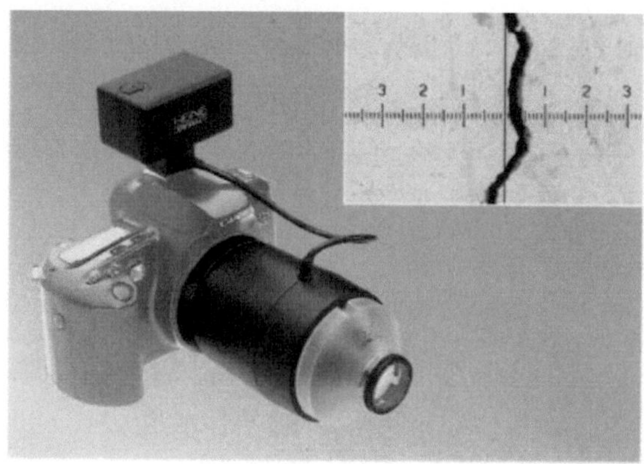


Abb. 6: Rissobjektiv zur Rissbreitendokumentation aus [8]

„Genauere" Messgeräte, wie die sogenannten Standmikroskope mit Auflösungsgenauigkeiten bis zu 0,001 mm, liefern in Anbetracht der sich in aller Regel über die Risslänge ändernden Rissbreiten für den gewöhnlichen Anwendungsfall im Stahlbetonbau nicht immer das „bessere Ergebnis".

Rissbreiten streuen nicht nur in verschiedenen Rissen eines Bauteiles, sondern auch innerhalb eines Risses, selbst unter Berücksichtigung der Beanspruchungskomponente (z. B. Biegung). Zweifelsfrei ist die Bestimmung der Rissbreite über punktuelle Messungen eine subjektive und wesentlich von der Erfahrung des Messenden geprägte Methode. Die Entwicklung geht daher in Richtung einer digitalen Erfassung der Risse (DRS – digitales Rissmess-System). Die technischen Grundlagen hierzu basieren dabei auf einer Grauwertanalyse bzw. Farbwertanalysen im Rahmen einer Bildverarbeitung digitalisierter Fotos [5], [6]. Letztendlich wird dabei die Rissbreite $w_m$ als aus der integralen Größe der Fläche der Oberflächen-Rissprojektion berechnet (siehe Gleichung 1).

$$w_m = \frac{1}{\Delta l_{Riss}} \cdot \int_0^{\Delta l_{Riss}} w_l(x)\,dx = \frac{A_w}{\Delta l_{Riss}} \quad (1)$$

mit

$A_w$ = Fläche des Risse an der Bauteiloberfläche

$\Delta l_{Riss}$ = Länge der Auswertestrecke

$w_l$ = lokale Rissbreite

Sie stellt somit eine theoretische mittlere Rissbreite über einen Beobachtungsabschnitt dar. Weil aufgrund des hohen Aufwandes nicht der gesamte Riss ausgewertet werden kann, wobei die Sinnhaftigkeit ohnehin in Frage zu stellen ist, muss auch hier eine sinnvolle Lage der Beobachtungs- bzw. Auswerteabschnitte subjektiv festgelegt werden. Kantenausbrüche, unterschiedliche Oberflächenbeschaffenheiten etc. müssen berücksichtigt werden.

Die einfachste Methode, *Rissbreitenänderungen* nachzuweisen oder auch grob zu erfassen, erfolgt über „Gips- oder Zementleimmarken". Gips als Bindemittel ist ausschließlich bei trockenen Umgebungsbedingungen geeignet. Bei diesen „Marken" werden ca. 2 bis 3 mm dicke, maximal ca. 5-Euro-Schein große Schichten des Materials auf die Betonoberfläche über den Riss aufgetragen. Anders als in Abbildung 7 dargestellt, sollten die Marken in „Knochenform" ausgebildet werden, um eine Rissbildung der Marke über dem Bauteilriss zu erzwingen. Der dauerhafte Verbund des Materials auf der Bauteiloberfläche ist von entscheidender Bedeutung. Die Marken sind bei kleinster Rissbreite zu platzieren sowie mit einer Strichmarkierung und dem Ausführungsdatum zu versehen. Unmittelbar an den beiden Ufern des Bauteilrisses sollte man einen Haftverbund mit der Bauteilfläche vermeiden (Folienstreifen einlegen).

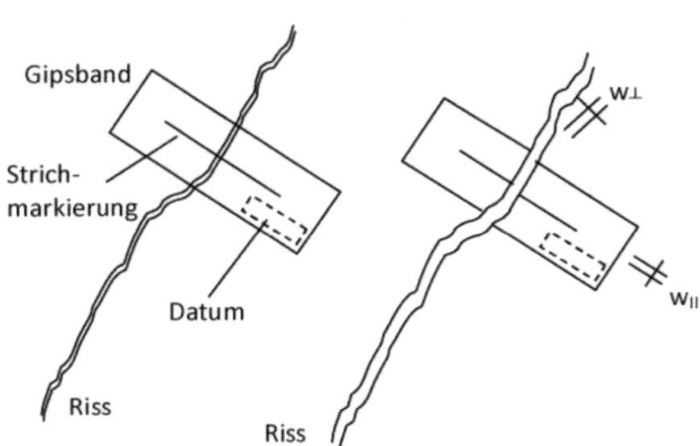


Abb. 7: Rissmarken als einfachstes Hilfsmittel zur Registrierung von Rissbewegungen

Rissbewegungen bzw. Rissbreitenänderungen lassen sich relativ präzise mit dem Setzdehnungsmesser (Abbildung 8) mit Ablesegenauigkeiten von 0,01 mm und maximalen Rissbreitenänderungen von 0,5 mm feststellen. Eine Variante hierzu stellt der Dehnungstaster dar. Bei beiden Messgeräten werden Messmarken unter Zuhilfenahme von Setzschablonen auf den gegenüberliegenden Seiten des Risses auf die Betonoberfläche geklebt. Der Setzdehnungsmesser misst dann über einen beweglichen und einen feststehenden Taster die Strecke zwischen diesen beiden Messmarken.

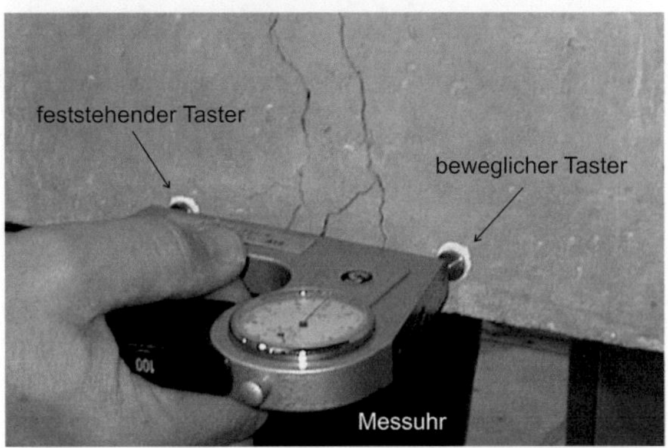


Abb. 8: BAM-Setzdehnungsmesser Bauart Pfender

Bei sog. Rissmonitoren, wie in Abbildung 9 dargestellt, wird bei Rissbewegungen ein Fadenkreuz über eine zweidimensionale Messskala bewegt. Grundsätzlich lassen sich damit auch Rissbewegungen längs des Risses darstellen. Querversätze senkrecht zur Bauteiloberfläche lassen sich mit den Monitoren nicht darstellen. Die Monitore sind in verschiedenartigen Ausführungen erhältlich. So können auch Rissbewegungen über Ecken gemessen werden. Die Ablesegenauigkeit der handelsüblichen Rissmonitore ist mit ±0,5 mm vergleichsweise gering. Spezielle Rissmonitore mit Aufzeichnungskarten und Schreibernadel erlauben eine kontinuierliche Aufzeichnung der Rissbreitenänderungen, jedoch ohne zeitliche Zuordnung.

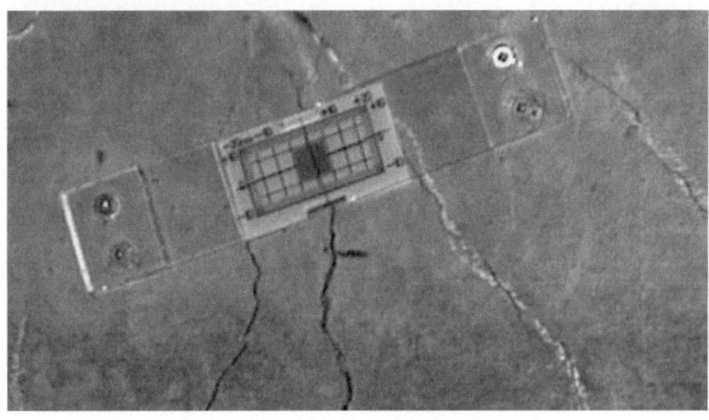

Abb. 9: Beispiel eines sog. Rissmonitors

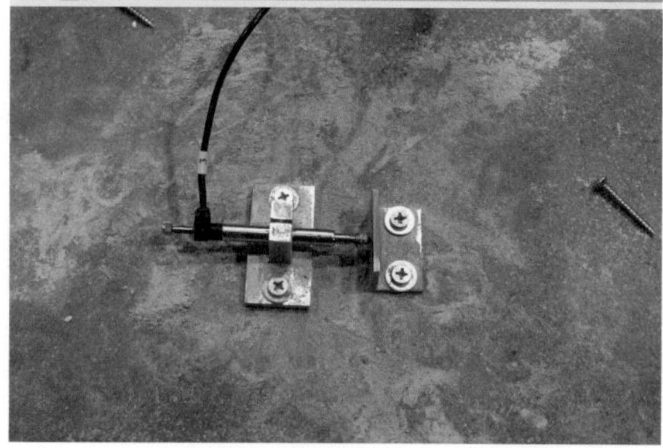

Abb. 10: Induktiver Wegaufnehmer zur Bestimmung von Rissbreitenänderungen (verdämmter Riss) während eines Belastungsversuches einer Bodenplatte

Während die vorstehend genannten Methoden lediglich Messdaten zu bestimmten Zeitpunkten liefern, lassen sich mit Hilfe von Wegaufnehmern Rissbreitenänderungen kontinuierlich erfassen. Teil der Monitoringeinrichtung müssen in diesem Fall auch Temperaturfühler zur Erfassung der Bauteil- und Lufttemperatur sein. Auch die Installation weiterer Sensoren zur Erfassung rissbreitenbeeinflussender Einwirkungen (z. B. Niederschlag) ist möglich. Moderne Funk- und Computertechnik ermöglicht die Überwachung und Steuerung der Messanlage vom Büro aus. Auch zum Abruf der Messdaten ist eine Anwesenheit am Messort nicht zwingend erforderlich.

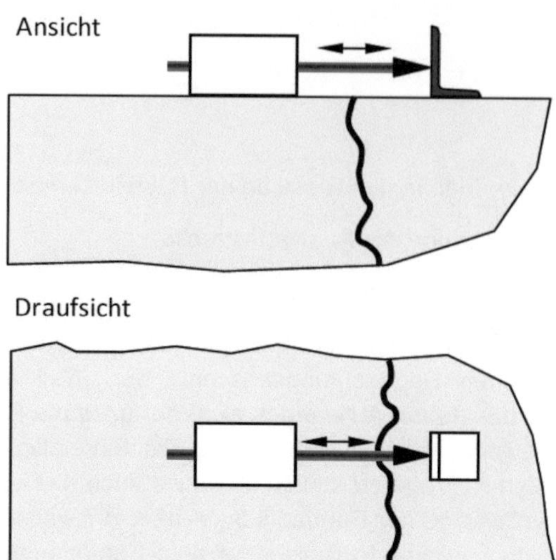


Abb. 11: Arbeitsprinzip von induktiven Wegaufnehmern

Durch „geschickte" Anordnungen lassen sich mit Hilfe von Wegaufnehmern nicht nur die Rissbreitenänderung senkrecht zum Riss sondern auch die Längs- und Querversätze messen (siehe Abbildungen 10 und 11). Bei Aufgaben mit hohen Genauigkeitsanforderungen und entsprechenden Fragestellungen kann es erforderlich sein, zur Berücksichtigung von Temperatureinflüssen zusätzliche Dehnungsmessungen auf dem nicht gerissenen Beton vorzunehmen.

Im Anhang des DBV-Merkblattes Rissbildung [4] werden Hinweise für die Messung und Auswertung von Rissbreiten gegeben. Abbildung 12 zeigt exemplarisch eine solche Auswertung. Dieses Vorgehen ist sehr zeit- und somit kostenintensiv. Es ist im Einzelfall zu entscheiden, welcher Aufwand für die z. B. im Rahmen eines Beweissicherungsgutachtens zu beantwortenden Fragen gerechtfertigt ist.

| | |
|---|---|
| Objekt: | "offenes Parkhauses" |
| Messung: | A080023-Ru-012 |
| Datum / Uhrzeit: | 24.03.2008 / 09.15 h |
| Durchführung: | Dr.-Ing. C. Ruckenbrod |
| Bauteil: | Innenwand eines "offenen Parkhauses" |
| Belastung: | Eigenlast, nur geringe Nutzlasten auf Parkdecks |
| Witterung: | Lufttemp. 13°C, Sonnenschein, Wand im Schatten |
| Bauteiltemperatur: | 8°C (auf Oberfläche) |
| Messfläche: | Wand Achse A/11-12 |
| | Oberfläche glatt, trocken, ohne Verschmutzung |
| | Rissart: Trennriss (Schub) |
| | Messabstand: 10 cm |
| Fotos: | IMG0090301, IMG0090302, IMG0090303 |
| Zielwert: | $w_k$=0,2 mm |
| Messmittel: | Risslupe |

Messwerte

| Ordinate [m] | Rissbreiten w [mm] | | |
|---|---|---|---|
| | Riss 1 | Riss 2 | Riss 3 |
| 0,1 | 0,05 | 0,05 | 0,05 |
| 0,2 | 0,05 | 0,1 | 0,05 |
| 0,3 | 0,1 | 0,15 | 0,1 |
| 0,4 | 0,05 | 0,15 | 0,1 |
| 0,5 | 0,1 | 0,2 | 0,1 |
| 0,6 | 0,15 | 0,25 | 0,15 |
| 0,7 | 0,15 | 0,2 | 0,15 |
| 0,8 | 0,1 | 0,25 | 0,1 |
| 0,9 | 0,15 | 0,2 | 0,1 |
| 1 | 0,2 | 0,15 | 0,05 |
| 1,1 | 0,15 | 0,2 | 0,1 |
| 1,2 | 0,1 | 0,15 | |
| 1,3 | 0,1 | 0,1 | |
| 1,4 | 0,05 | 0,05 | |
| 1,5 | | 0,05 | |

| Rissbreite [mm] | Anzahl | Quantil |
|---|---|---|
| 0,05 | 7 | 94,59% |
| 0,1 | 13 | |
| 0,15 | 10 | |
| Zielwert: 0,2 | 5 | |
| 0,25 | 2 | 5,41% |
| 0,3 | 0 | |
| 0,35 | 0 | |
| 0,4 | 0 | |
| 0,45 | 0 | |
| Summe | 37 | |

Abb. 12: Beispiel einer Auswertung von Rissbreiten nach [4]

Der *Feuchtezustand* des Risses lässt sich i. d. R nur über Feststellungen an der Bauteiloberfläche ermitteln. Eine Bohrkernentnahme, auch wenn sie statt mit Wasserzugabe im Trockenbohrverfahren vorgenommen wird, verändert den Feuchtezustand in den Rissflächen, da ohne Wasserzugabe in erheblichem Umfang Wärme im Beton entwickelt wird. Die folgende Tabelle 2 aus der ZTV-ING [7] gibt einen Überblick über die Merkmale der unterschiedlichen Feuchtezustände.

Tab. 2: Feuchtezustand von Rissen , Rissufern und Rissflanken nach [7]

| | Begriff | Merkmal |
|---|---|---|
| 1 | trocken [1] | - Wasserzutritt nicht möglich,<br>- Beeinflussung des Rissbereiches durch Wasser nicht feststellbar,<br>- Wasserzutritt möglich, jedoch seit ausreichend langer Zeit ausschließbar,<br>- Rissufer/-flanken optisch feststellbar trocken. [2] |
| 2 | feucht | - Farbtonveränderung im Rissbereich durch Wasser, jedoch kein Wasseraustritt,<br>- Anzeichen von Wasseraustritt in der unmittelbar zurückliegenden Zeit (z.B. Aussinterungen, Kalkfahnen),<br>- Rissufer/-flanken optisch feststellbar feucht oder mattfeucht. [2] |
| 3 | "drucklos" wasserführend | - Wasser in feinen Tröpfchen im Rissbereich erkennbar,<br>- Wasser perlt aus dem Riss. |
| 4 | unter Druck wasserführend | - zusammenhängender Wasserfilm tritt aus dem Riss aus. |

[1] Beton mit umgebungsbedingter Ausgleichsfeuchte

[2] Beurteilung der Rissflanken an Trockenbohrkernen

Die *Rissflankenbeschaffenheit* lässt sich über eine Bohrkernentnahme und ein vorsichtiges Aufspalten des Kernes entlang des Risses untersuchen. Mitunter kann es auch sinnvoll sein, den Kern in einzelne Scheiben zu zerlegen. An den Rissflanken kann der Riss auf eventuelle Verschmutzungen, Sinterprodukte oder eventuelle Kontaminationen etc. hin untersucht werden. Die Abbildungen 13 und 14 zeigen wasserführende Risse. Beim Riss in Abbildung 13 sind erste Ablagerungen von Kalziumhydroxid bzw. Kalziumcarbonat (Aussinterungen) erkennbar. Am Riss in Abbildung 14 ist das Füllgut im Zuge einer Rissinjektion ausgetreten. Der nach wie vor festzustellende Wasseraustritt zeigt, dass die abdichtende Injektion des Risses noch nicht zum Erfolg geführt hat.

Abb.13: Beispiel eines wasserführenden Risses mit Kalkaussinterung

Abb. 14: Beispiel eines wasserführenden Risses; Austritt von Füllgut aus dem Riss; Die Rissefüllmaßnahme war nicht erfolgreich.

Die sichere Ermittlung der Risstiefe mit Hilfe der Ultraschall-Echo-Methode nach dem Prinzip von Abbildung 15 erscheint nach den Erfahrungen der Autoren nicht immer möglich. Gerade im oberflächennahen Bereich sind die Störeinflüsse infolge der Bewehrung doch erheblich.

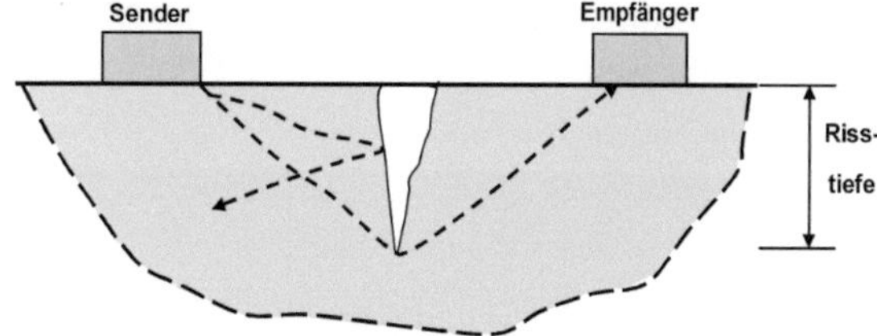


Abb. 15: Messprinzip der Ultraschall-Echo Methode zur Bestimmung der Risstiefe

### 3.1.3 Praktische Hinweise und Aspekte

Zerstörungsfrei lassen sich Risse nur an den Bauteiloberflächen untersuchen. Durch eine Entnahme von Bohrkernen lassen sich die Risse auch in den Bauteilquerschnitt hinein verfolgen und untersuchen. Die Entwicklung der Rissbreite über die Tiefe kann am Bohrloch über spezielle Risslupen oder mit Hilfe von endoskopischen Untersuchungen ermittelt werden. Rissbreitenuntersuchungen am entnommenen Bohrkern sind ohne vorherige kraftschlüssige Injektion von Epoxidharz oder Zementsuspension nur von begrenzter Aussagekraft, da es durch das Freibohren des Kernes zu einer Entspannung der Probe mit einer entsprechenden Rissbreitenänderung kommen kann. Außerdem besteht ohne Injektion die Gefahr, dass die Rissufer bzw. erbohrten Rissflanken ausbrechen. Eine Betrachtung und Untersuchung der Rissflanken verbietet andererseits das Füllen des Risses. Soll eine Begutachtung der Rissflanken erfolgen, muss auch beachtet werden, dass das Bohrwasser u. U. die Rissflanken verschmutzt bzw. mit Substanzen belegt, die in Wirklichkeit nicht im Riss vorliegen.

Bei einem „Zerfallen" des Bohrkerns bei der Entnahme muss untersucht werden, welche Trennflächen aus vorhandenen Rissen im Bauteilquerschnitt herrühren und bei welchen Trennflächen es sich um echte Bruchflächen handelt, die durch die mechanische Beanspruchung des Bohrkerns beim Bohren entstanden sind. Eine solche Bewertung sollte stets unmittelbar nach der Entnahme des Bohrkerns erfolgen. Anhand der Feinstruktur, Färbung und Reinheit der Trennflächen lässt sich in den meisten Fällen relativ leicht feststellen, um welche Art von Trennflächen es sich handelt.

Bohrkernentnahmen erlauben ferner, die Tiefe von Rissen zu erkunden und Rissinhaltsstoffe zu analysieren sowie ergänzende Materialprüfungen am Beton durchzuführen. Zudem lassen sich am Bohrloch vergleichende Untersuchungen durchführen und im Zweifelsfall intensivieren. Dies gilt insbesondere für eventuelle oberfächenparallele Gefügestörungen.

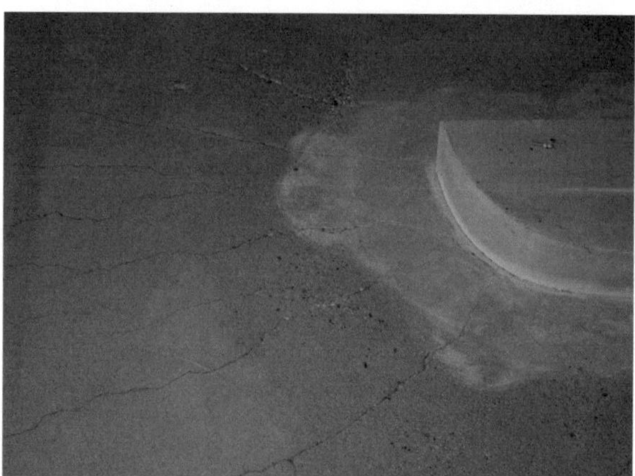

Abb. 16: Risse in der Bodenplatte nach dem Kugelstrahlen der Oberfläche

Die Anwendung der in Abschnitt 3.1.2 genannten Hilfsmittel zur Messung der Rissbreite setzt grundsätzlich scharfe Rissufer ohne Ausbruchstellen auf der Betonoberfläche voraus. Die Betonoberfläche sollte auch möglichst glatt sein, damit der Vergleichsmaßstab auch an die beiden Rissufer angelegt werden kann. Häufig fallen Risse an der Oberseite von Bodenplatten erst auf, wenn diese, z. B. für Beschichtungsmaßnahmen, kugelgestrahlt wurden. Durch Kantenabrundungen und -ausbrüche beim Strahlen erscheinen die Risse deutlich breiter als sie tatsächlich sind (Abbildung 16). Unter Umständen kommt man in solchen Fällen nicht umhin, zur Bestimmung der Rissbreite Bohrkerne zu entnehmen. Diese liefern dann ergänzend auch Informationen zu anderen Rissmerkmalen.

Abb. 17: Riss an einer Oberfläche mit Beschichtung

Risse an Oberflächen mit Beschichtungen können nur schwer beurteilen werden (siehe Abbildung 17). Auch ein Abschleifen der Beschichtungen führt zu keiner besseren Aussagefähigkeit. Beschichtungen können andererseits Hinweise über den Entstehungszeitpunkt der Risse geben. Es lässt sich leicht feststellen, ob die Beschichtung vor oder nach dem Entstehen des Risses aufgebracht wurde.

3.1.4 „Untersuchungsstrategien“

Da die „Rissaufnahme“ einen erheblichen Untersuchungsaufwand erfordert und somit Kosten verursacht, sollte man im Einzelfall vorab über eine sinnvolle, der Aufgabenstellung angemessene Vorgehensweise entscheiden. Folgende Vorgehensweisen sind vom Grundsatz her möglich:

Das *von Intuition geprägte Vorgehen* vertraut auf die Erfahrung des mit der Rissaufnahme betrauten Sachverständigen. Hier werden dann häufig nur die vermeintlichen, durch die aktuellen Problem- bzw. Fragestellungen tangierten Aspekte untersucht. Auch wenn dieses Vorgehen je nach Erfahrung des Untersuchenden relativ schnell und kostengünstig auf die richtigen Lösungen (Schadensursache, Instandsetzungsstrategie) führen kann, birgt dieses Vorgehen die Gefahr in sich, dass je nach „Tagesform“ und sonstigen subjektiven Gegebenheiten wichtige Teilaspekte vernachlässigt werden, die zu einem späteren Zeitpunkt, nach Gewinn neuerer Erkenntnisse, von Interesse wären.

Beim *rein schematischen Vorgehen*, das ein Abarbeiten eines umfassenden, strikt vorgegebenen Untersuchungskataloges beinhaltet, ist zu erwarten, dass alle wesentlichen Rissmerkmale in ausreichendem Maße untersucht werden. Zumeist sind solche Untersuchungen sehr aufwändig.

Beim *strategischen Vorgehen* werden der Umfang der Untersuchungen und die Wahl der Untersuchungsmethoden den bereits frühzeitig erkennbaren oder ausschließbaren Ursachen und den erforderlichen Instandsetzungszielen angepasst. Bei einem solchen Vorgehen ist der erste Schritt einer Rissaufnahme in jedem Fall die Einsicht in Bauwerksunterlagen wie

- Ausführungspläne
- Standsicherheitsnachweise
- Ausschreibungstexte
- Bautagebücher
- Güteüberwachung Beton (Bestellung, Lieferschein, Dokumentation der Güteüberwachung)
- amtliche Wetteraufzeichnungen
- etc.

Wenn solche Unterlagen nicht (rechtzeitig) beschafft werden können, muss bei der Überprüfung und der Analyse des Tragverhaltens des Bauwerks bzw. der Bauteile ein höherer Aufwand betrieben werden.

Weitergehende Untersuchungen der Rissmerkmale können erforderlich werden, wenn Zweifel über die Anwendbarkeit der gängigen Verfahren zur Rissinstandsetzung bestehen. In den Abbildungen 18 bis 20 ist ein spezielles Packersystem dargestellt, mit dessen Hilfe im Bauteilinneren eine Druckwasserbeaufschlagung erzeugt werden kann.

Abb. 18: Spezielles Packersystem zur Überprüfung der „Wassergängigkeit“ von Rissen im Bauteilinneren

Damit lässt sich prüfen, inwieweit die lediglich an der Bauteiloberfläche begutachtbaren Risse tatsächlich wasserführend sind.

Abb. 19: Erkundungs- bzw. Probeinjektionen mit Wasser zeigt Verbundstörungen entlang der Bewehrung (Pfeil)

Abb. 20: Erkundungs- bzw. Probeinjektionen zur Ermittlung weiterer Informationen zur Rissbeschaffenheit

Über Erkundungs- bzw. Probeinjektionen lässt sich der Charakter der Risse im Inneren des Bauwerkes genauer erkunden. Wenn es die anschließende Injektion erlaubt, lassen sich bereits über eine Vorinjektion mit Wasser eine Reihe von wertvollen Informationen über die Durchgängigkeit der Risse gewinnen.

### 3.2 Risse parallel zur Bauteiloberfläche (Schalenrisse)

#### 3.2.1 Definitionen von Rissmerkmalen

Folgende Rissmerkmale dienen der Charakterisierung der Risse:

- Flächige Ausdehnung
- Tiefe unter der Bauteiloberfläche
- Rissinhaltsstoffe
- Rissflankenbeschaffenheit

Die *flächige Ausdehnung* der Risse gibt Auskunft über die Größe des Wirkungsbereichs der zu erkundenden Rissursachen.

Die *Tiefenlage des Risses* erlaubt erste Aussagen zur Rissursache. Sehr nahe an der Betonoberfläche verlaufende Risse lassen auf Schichtentrennungen bei der Herstellung des Bauteils (z. B. mechanische Schäden beim Entschalen einer Wand oder beim Abscheiben und Glätten einer Bodenfläche) schließen. Im Falle von Verbundsystemen, z. B. Spritzbeton auf Bestandsbeton, deuten sie auf ein Versagen des Verbundes hin, was im Weiteren auch Ursache anderer Risse sein kann. Schalenrisse in Höhe der Bewehrungslage treten i. d. R. in Verbindung mit einer Korrosion der Bewehrung auf. Aber auch herstellungsbedingte oder durch Überlastung bedingte Verbundstörungen zwischen Bewehrung und Beton äußern sich häufig in parallel zur Bauteiloberfläche verlaufenden Rissebenen. Tief im Querschnitt verlaufende und parallel zur Bauteiloberfläche orientierte Rissflächen geben Anlass, im Rahmen der statisch-konstruktiven Betrachtungen zu überprüfen, ob Spaltzugkräfte im Bereich konzentrierter Lasteinleitungen oder „Durchstanzkräfte" (z. B. bei Decken mit hohen Stützlasten oder stoßender Belastung in der Schwerindustrie) als Rissursache infrage kommen.

Eine augenscheinliche Begutachtung bzw. chemische Analyse der in den Rissen vorgefundenen Substanzen (*Rissinhaltsstoffe*) liefert Aussagen darüber, ob Sprengdrücke als Ursache der Risse infrage kommen. So lassen Korrosionsprodukte des Bewehrungsstahls, auskristallisierte Salze oder spezifische Produkte chemischer Reaktionen auf einen Sprengdruck als Rissursache schließen, wie er bei der Korrosion der Bewehrung, bei Eislinsenbildungen, bei treibenden Reaktionen oder bei in der Druckhöhe falsch dimensionierten Verpressarbeiten entsteht.

Wie bei oberflächlich erkennbaren Rissen gibt auch bei Schalenrissen die *Rissflankenbeschaffenheit* Hinweise auf den Zeitpunkt der Rissbildungen. Kontaktzonenbrüche zwischen der Mörtelmatrix des Betons und groben Gesteinskörnern lassen u. U. auf eine Entstehung im jungen Betonalter schließen. Zermürbungen der Rissflanken deuten auf Ermüdungsbeanspruchungen hin.

Rissinhaltsstoffe und zermürbte Rissflanken lassen eine Instandsetzung der Risse durch Injizieren von Füllgütern nicht zu.

#### 3.2.2 Methoden zur Erfassung der Rissmerkmale

Sieht man von Folgeerscheinungen von Schalenrissen ab, die sich erst langfristig bemerkbar machen, z. B. Dunkelverfärbungen Ausblühungen, Rostauswaschungen und an der Oberfläche auslaufende

Rissebenen, können Schalenrisse nur durch indirekte Methoden erkannt und erkundet werden. Das bereits zum Erkennen der Risse herangezogene „Abklopfen“ der Bauteilflächen kann auch zur Erkundung der flächigen Ausdehnung der Risse dienen, soweit es sich um oberflächennahe Rissbildungen handelt. Für die Erkundung der genauen Lage und der flächigen Ausdehnung tief im Querschnitt liegender Risse kann das Impact-Echo-Verfahren zielführend eingesetzt werden.

Zur Beschreibung der Rissflankenbeschaffenheit und für eine Analyse ggf. vorhandener Rissinhaltsstoffe ist ein Öffnen des Risses und ein Freilegen der Rissflanken erforderlich. Bei randnahen Schalenrissen erfolgt dies durch ein lokales Aufbrechen der zuvor als hohlliegend erkannten Querschnittsrandzone. Tief liegende Risse erfordern i. d. R. eine Bohrkernentnahme. An den Rissflanken können dann Proben entnommen und weiter untersucht werden.

Sofern es sich bei den Rissinhaltsstoffen nicht eindeutig um Korrosionsprodukte des Bewehrungsstahles handelt, deren Entstehungsursachen bekannt sind bzw. zur sachgerechten Wiederherstellung des Korrosionsschutzes ohnehin untersucht werden müssen, sind für die Analyse der Inhaltsstoffe physikalische und chemische Untersuchungsmethoden heranzuziehen, wie sie auch bei der Untersuchung der Merkmale von Mikrorissen zum Einsatz kommen; siehe Abschnitt 3.3.

## 3.3 Mikrorisse

### 3.3.1 Definitionen von Rissmerkmalen

Folgende Rissmerkmale müssen erkundet werden:

- Verlauf der Risse innerhalb des Makro- und Mikrogefüges des Betons
- Rissinhaltsstoffe
- räumliche Ausdehnung

Der *Verlauf der Risse* innerhalb des Makro- und Mikrogefüges gibt Hinweise auf erkundungswerte Ursachenmöglichkeiten. So könnte ein Verlauf der Mikrorisse durch die groben Gesteinskörner des Zuschlaggemisches einerseits auf eine fehlende Frost- oder Alkalibeständigkeit der Zuschläge zurückzuführen sein. Können diese Mechanismen bzw. Mängel ausgeschlossen werden sind äußere Lasten oder Zwang als Auslöser der rissverursachenden Spannungen in Erwägung zu ziehen. Mikrorisse, die ausschließlich in der Mörtelmatrix des Betons und entlang der Kontaktzonen zu größeren Gesteinskörnern verlaufen, deuten dagegen auf Treibvorgänge innerhalb der Mörtelmatrix hin. Wodurch die Treibvorgänge ausgelöst werden, zeigt sodann die Analyse der in den Mikrorissen bzw. der Betonmatrix vorliegenden Substanzen (*Rissinhaltsstoffe*).

Die *räumliche Ausdehnung* der Risse gibt Auskunft über die Größe des Wirkungsbereichs der rissauslösenden Spannungen.

### 3.3.2 Methoden zur Erfassung der Rissmerkmale

Der Umstand, dass bereits zur Erkennung von Mikrorissbildungen relativ aufwändige Methoden angewendet werden müssen, siehe Kapitel 2, relativiert sich dahingehend, dass diese Untersuchungen gleichzeitig bereits wesentliche Informationen zu den Rissmerkmalen liefern.

So erlauben Dünnschliffuntersuchungen Aussagen sowohl zum Verlauf der Risse innerhalb des Makro- und Mikrogefüges des Betons als auch zum Vorliegen von Rissinhaltsstoffen und deren Entstehungsort. Sofern nicht bereits Auswertungen des Erscheinungsbildes der Rissinhaltsstoffe unter dem Mikroskop Hinweise auf die maßgebenden Treibvorgänge liefern, können chemische und physikalische Untersuchungsmethoden zu diesem Zweck herangezogen werden. Diese Untersuchungen erfordern neben teils aufwändigen Analyseeinrichtung hohe technisch/wissenschaftliche Fachkenntnis und Erfahrung, weshalb für die Untersuchungen entsprechende Institutionen hinzugezogen werden müssen. Einige der für die Erkundung der Rissmerkmale infrage kommenden Analysemethoden sind in Tabelle 3 aufgeführt. Welche der genannten Verfahren und in welcher Kombination diese zum Einsatz kommen müssen oder ob weitere, nicht genannte Verfahren ergänzend eingesetzt werden müssen, zeigt sich häufig erst im Laufe der Analysen.

Tab. 3: Verfahren zur Analyse von Rissinhaltsstoffen

| Verfahren | Einsatzzweck |
|---|---|
| Röntgen-diffraktometrie | Identifikation kristalliner Substanzen als mögliche Verursacher von Treibreaktionen oder sonstiger Schäden |
| Polarisations-mikroskopie | Erkundung des Mikrogefüges an Anschliffen oder Dünnschliffen des Betons. Analyse von mineralischen und organischen Rissinhaltsstoffen |
| Thermoanalyse | Analyse von mineralischen und organischen Rissinhaltsstoffen |
| Infrarot-spektroskopie | Analyse vorwiegend organischer Rissinhaltsstoffe |
| Rasterelektronen-mikroskopie | Erkundung des Mikrogefüges und Identifikation von Phasen und chemischen Elementen in den Rissinhaltsstoffen |

## 4 Ursachenfindung

Die Ermittlung der Ursache der Risse erfolgt durch einen Abgleich der Kenntnisse zu den grundsätzlich möglichen Rissursachen und Rissbildungsmechanismen, siehe hierzu [12], [13], [14] und [15], mit den im betrachteten Fall vorliegenden und wie vorstehend erläutert erkundeten Rissmerkmalen. Die gleichzeitig zu gewinnenden Informationen zu den Randbedingungen bei der Errichtung des Bauteils, zu dessen Alter und zur Historie seiner Beanspruchung dienen dabei – in Verbindung mit Ergebnissen von Überlegungen und ggf. auch Berechnungen in betontechnologischer, bruchmechanischer und statisch-konstruktiver Hinsicht – dazu, einige der grundsätzlichen Möglichkeiten der Rissbildung von vornherein auszuschließen oder aber die Notwendigkeit spezifischer Erkundungen und Untersuchungen aufzuzeigen, mit denen das Vorliegen der infrage kommenden Rissursachen eingehend überprüft werden kann.

Welche Hinweise bestimmte Rissmerkmale auf die Rissursachen geben, wurde im vorstehenden Kapitel dargelegt. Auf einige grundsätzliche, weitere Aspekte, die bei der Ursachenfindung von Bedeutung sind, wird nachfolgend eingegangen.

### 4.1 Der Prozess der Rissbildung

Risse in einem bewehrten oder nicht bewehrten Betonbauteil entstehen, wenn die durch Eigenspannungen, Zwang oder äußere Belastungen hervorgerufenen Betondehnungen die zum betreffenden Zeitpunkt vorhandene Dehnfähigkeit des Betons erreichen bzw. überschreiten. Da allein schon aufgrund der Zusammensetzung des Betons sowohl die Größe der beanspruchungsbedingten Dehnungen als auch die Dehnfähigkeit des Betons streut, ist der Zeitpunkt und die Stelle der Rissinitiierung eine Zufallsgröße und i. d. R. nur grob vorhersagbar. Dies bedeutet z. B. auch, dass die Stelle der Rissbildung nicht zwangsläufig die Stelle des Beanspruchungsmaximums sein wird.

Dieser Sachverhalt wird in der Praxis z. B. immer wieder an sog. Sollbruchstellen deutlich. Trotz bewusst durch Einschneiden des Betons oder Unterbrechung der Bewehrung geschaffenen Spannungskonzentrationen gelingt es häufig nicht, den Riss an diese Stelle „zu platzieren" (Abbildung 21).

Abb. 21: Beispiel eines Risses unmittelbar neben der „Sollrissstelle"

Vernachlässigt man Hilfe der Bruchmechanik beschreibbare Effekte, so muss davon ausgegangen werden, dass der Beton, nach Eintreten eines ersten Risses, an dieser Stelle nicht mehr zur Zugkraftübertragung beiträgt. Unbewehrter Beton wird bei Laststeigerung in jenen Querschnittsbereich hinein weiterreißen, in dem die Zugspannung die Zugfestigkeit bzw. die Zugdehnung die Zugdehnfähigkeit erreicht bzw. überschreitet.

Im Fall bewehrten Betons kann die im Rissquerschnitt „freiwerdende" Zugkraft von der eingelegten Bewehrung aufgenommen und übertragen werden. Ein weiteres Versagen des Bauteilquerschnittes wird unterbunden. Die Änderung in den Spannungsverteilungen führt zu gegenseitigen Verschiebungen zwischen Bewehrung und umgebendem Beton.

Damit werden Verbundkräfte aktiviert. Diese führen wieder zu zunehmenden Zugspannungen im Beton, die Stahlspannungen nehmen entsprechend ab. Mit größer werdendem Abstand zum Riss wird die Dehnungsdifferenz zwischen Beton und Stahl immer geringer, bis schließlich am Ende der sogenannten „Einleitungslänge" wieder Dehnungsgleichheit zwischen Beton und Bewehrung herrscht. Der sich im Tragwerk einstellende Verformungs- und Rissbildungszustand wird als „Zustand der Erstrissbildung" bezeichnet. Bei weiterer Belastungssteigerung bilden sich in einem Querschnitt außerhalb dieser Einleitungslänge weitere Risse aus. Die Abstände zwischen den Rissen sind aufgrund der Streuung der Zugfestigkeit Zufallsgrößen. Dieser Zustand ist auch als „fortschreitende oder zunehmende Rissbildung" definiert. Bezeichnend für diesen Zustand ist die starke Veränderung des mittleren Rissabstandes. Der Rissvorgang wiederholt sich nun bei weiterer Laststeigerung, bis die eingeleitete Betonzugspannung die zwischen zwei Rissen vorhandene Betonzugfestigkeit nicht mehr erreicht und somit keine weiteren Rissbildungen mehr möglich sind. Der Rissabstand strebt damit einem Endwert zu. Ist dieser erreicht, spricht man von der „abgeschlossenen Rissbildung". Bei noch weiterer Laststeigerung erhöhen sich im Großen und Ganzen nur noch die Breiten der bereits vorhandenen Risse. Die Rissabstände und die auftretenden Rissbreiten hängen unter anderem vom Bewehrungsgehalt, der Verteilung der Bewehrung im Querschnitt, der Anordnung von Querbewehrung (z. B. Bügel), der Art des Bewehrungsstahles und dem Verbundverhalten ab.

Mit dem beschriebenen Modell lassen sich lediglich die Breiten und Abstände von Rissen als Folge von Biege- und Normalspannungen abschätzen. Die Breite von schrägen, durch Schub- oder Querkräfte erzeugten Rissen, z. B. in Balkenstegen, ist dagegen aufgrund der Vielzahl einflussnehmender Parameter (Rissverzahnung, Dübelwirkung der Bewehrung, Neigung des Druckspannungsfeldes) rechnerisch letztlich nicht vorhersagbar bzw. berechenbar. Um die maßgeblichen Tragmechanismen auch tatsächlich gewährleisten zu können, dürfen diese Schubrisse lediglich eine beschränkte Rissbreite aufweisen und sind somit im Zuge einer Rissaufnahme immer mit besonderer Sorgfalt zu bewerten.

Insbesondere bei der Bewertung von Rissen in unbewehrten Querschnitten oder Querschnittsbereichen (z. B. Schalenrisse in der Betondeckungsschicht, Mikrorissbildungen) sind Effekte zu beachten, die mit Hilfe der Bruchmechanik beschrieben werden können. Einer dieser Effekte besteht darin, dass an der Wurzel eines relativ breiten Risses Mikrorisse entstehen, die zu einem Spannungsabbau führen und ein reißverschlussartiges Weiterreißen des breiten Risses und damit ein Totalversagen des Bauteilquerschnittes verhindern oder erst bei deutlich höheren Lasten zulassen. Möglich wird dieser Effekt durch den Sachverhalt, dass Risse bis zu einer bestimmten Breite in der Lage sind, Zugkräfte über die Rissflanken hinweg zu übertragen.

## 4.2 Gliederung der Ursachen der Rissbildung

Einen Überblick über die Arten und Erscheinungsformen von verschiedenen Rissen gibt Abbildung 22. Ergänzende Informationen hierzu finden sich in [1] und [2]. Eine Matrix, aus der kausale Verbindungen zwischen Rissmerkmalen und Rissursachen hergestellt werden können gibt Tabelle 4, die [4] entnommen wurde.

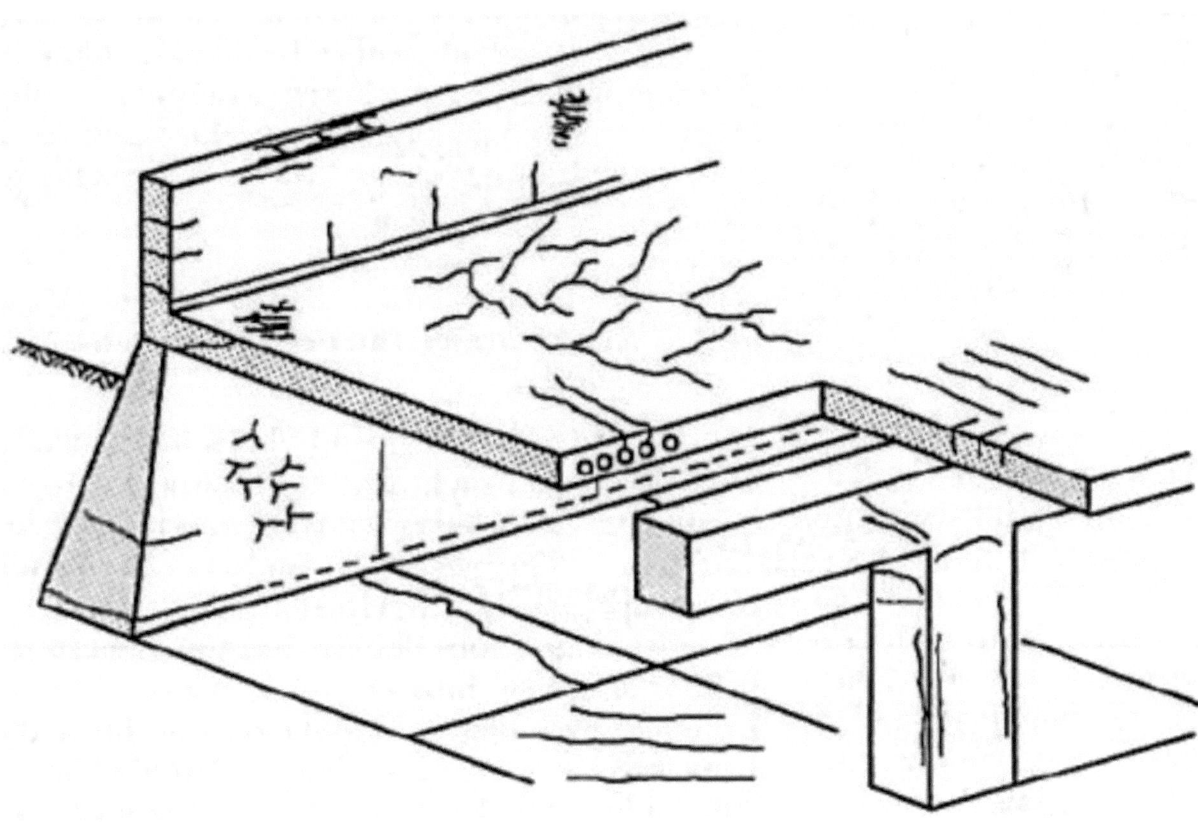

Abb. 22: Mögliche Erscheinungsformen und Rissursachen aus [1] bzw. [2]

Tab. 4: Übersicht über Rissursachen, Merkmale, Zeitpunkt und Beeinflussung der Rissbildung aus [4]

| Sp. | 1 | 2 | 3 | 4 |
|---|---|---|---|---|
| Zeile | Risse können entstehen durch | Merkmale der Rissbildung | Zeitpunkt des Entstehens von Rissen | Beeinflussung der Rissbildung ist möglich durch |
| 1 | Setzen des Frischbetons | Längsrisse über der oberen Bewehrung; Rissbreite u. U. mehrere Millimeter; Risstiefe i. Allg. gering, in ungünstigen Fällen mehrere Zentimeter | innerhalb der ersten Stunden nach dem Betonieren, solange der Beton noch plastisch verformbar ist | Betonzusammensetzung (Wassergehalt, Sieblinie), Verarbeitung des Betons, Nachverdichtung, Bewehrungsführung (Betonierbarkeit), Bauteilgeometrie |
| 2 | Frühschwinden (auch: Kapillarschwinden oder plastisches Schwinden) | Oberflächenrisse, vor allem bei flächigen Bauteilen; oft ohne ausgeprägte Richtung; Rissbreite u. U. größer als 1 mm; Risstiefe i. Allg. gering, in ungünstigen Fällen mehrere Zentimeter | wie Zeile 1 | Vorkehrungen gegen raschen Feuchtigkeitsverlust (verursacht durch geringe relative Luftfeuchtigkeit, Wind, Sonneneinstrahlung bzw. hohe Temperaturen), Nachbearbeiten vor Erstarrungsbeginn u. U. möglich, Flügelglätten |
| 3 | Abfließen der Hydratationswärme | Oberflächenrisse, Trennrisse, Biegerisse; Rissbreite u. U. über 1 mm | innerhalb der ersten Tage nach dem Betonieren | Frischbetontemperatur, Hydratationswärmeentwicklung reduzieren, in Sonderfällen Kühlung, Nachbehandlung, Bewehrung (Menge, Anordnung), Wahl der Betonierabschnitte (Fugen), lagenweises Betonieren mit angepassten Betonzusammensetzungen |
| 4<br>a)<br>b) | Schwinden<br>a) Schrumpfen<br>b) Trocknungsschwinden | wie Zeile 3 | a) einige Tage nach dem Betonieren<br>b) einige Tage bis zu mehreren Jahren nach dem Betonieren | a) Betonzusammensetzung (zum Teil)<br>b) Betonzusammensetzung, Betonzugfestigkeit zum Zeitpunkt der Rissbildung beachten, Bewehrung, relative Luftfeuchte, Anordnung von Fugen |
| 5 | äußere Temperatureinwirkungen | Biege- und Trennrisse; Rissbreite u. U. über 1 mm; u. U. Oberflächenrisse | jederzeit während der gesamten Lebensdauer des Bauwerks, wenn Temperaturänderungen auftreten | Bewehrung, Betonzugfestigkeit zum Zeitpunkt der Rissbildung beachten, Betonzusammensetzung, Vorspannung, Anordnung von Fugen, Bauteilgeometrie, Wahl eines geeigneten statischen Systems |
| 6 | Änderungen der Auflagerbedingungen (z. B. durch Setzungen, Lagerverformungen) | Biege- und Trennrisse; Rissbreite u. U. über 1 mm | jederzeit bei Änderungen der Auflagerbedingungen | statisches System (Steifigkeitsverhältnisse), sonst wie Zeile 5 |
| 7 | Eigenspannungszustände (z. B. infolge von Verformungsbebehinderungen, Schnittgrößenumlagerungen, Abweichung von der technischen Biegelehre) | je nach Ursache unterschiedlich (siehe z. B. [17], [28], [31]) | jederzeit bei Auftreten der rissverursachenden Dehnungen | zweckmäßige Wahl und Anordnung der Bewehrung |
| 8 | äußere (direkte) Lasten | Biege- oder Trennrisse, Schubrisse | jederzeit während der Nutzung | zweckmäßige Wahl und Anordnung der Bewehrung |
| 9 | Korrosion der Bewehrung | Risse entlang der Bewehrung und an Bauteilecken, Absprengungen | nach mehreren Jahren | Dicke und Dichtheit der Betondeckung, ggf. zusätzliche Maßnahmen |
| 10 | sonstige Ursachen (z. B. Frost, chemische Vorgänge, wie Alkalireaktion und Sulfattreiben) | | - | - |

## 5 Bewerten

Bei der Bewertung von Rissen muss der Frage nachgegangen werden, ob die aufgetretenen Risse einen Mangel darstellen. Dies ist eine schwierige und häufig nur unter zusätzlicher Berücksichtigung juristischer Gesichtspunkte zu beantwortende Frage. Aus technischer Sicht sind folgende Aspekte zu beachten:

- Tragfähigkeit, Standsicherheit
- Verformungen
- Dauerhaftigkeit
- Nutzung
- Ästhetik
- Bauvertrag

Diese Gesichtspunkte müssen bereits bei der Erfassung der Rissmerkmale berücksichtigt werden. Für eine sachgerechte Bewertung ist grundsätzlich die Kenntnis der Ursachen der Rissbildung erforderlich. Bei der Bewertung ist auch wichtig, ob die Rissbildung abgeschlossen ist oder ob sich die Rissbreiten und das Rissbild zukünftig ändern werden.

Selbst wenn die Risse aus technischer Sicht nicht zu beanstanden sind, kann unter ästhetischen Gesichtspunkten (z. B. Sichtbetonflächen, siehe hierzu z. B. [16]) oder aus vertraglicher Sicht ein Mangel vorliegen.

## 6 Beispiele

### 6.1 Beispiel 1: Dokumentation der Rissverläufe in Bestandsplänen als Gundlage der Ursachendetektion

Durch die Dokumentation der Rissverläufe in Bestandsplänen oder Skizzen lassen sich in den meisten Fällen ganz wesentliche Informationen über die Rissursache gewinnen. Die Abbildungen 23 und 24 zeigen die Rissaufnahme jeweils auf der Oberseite einer Bodenplatte bzw. einer Deckenplatte eines Zwischengeschosses einer Tiefgarage. Die Risse sind jeweils im Schalplan der jeweiligen Bauteile eingetragen.

Im Fall der Zwischendecke sind die typischen Radialrisse bei punktgestützten Platten zu erkennen. Ursache der Risse sind damit eindeutig die Stützmomente der Deckenplatte.

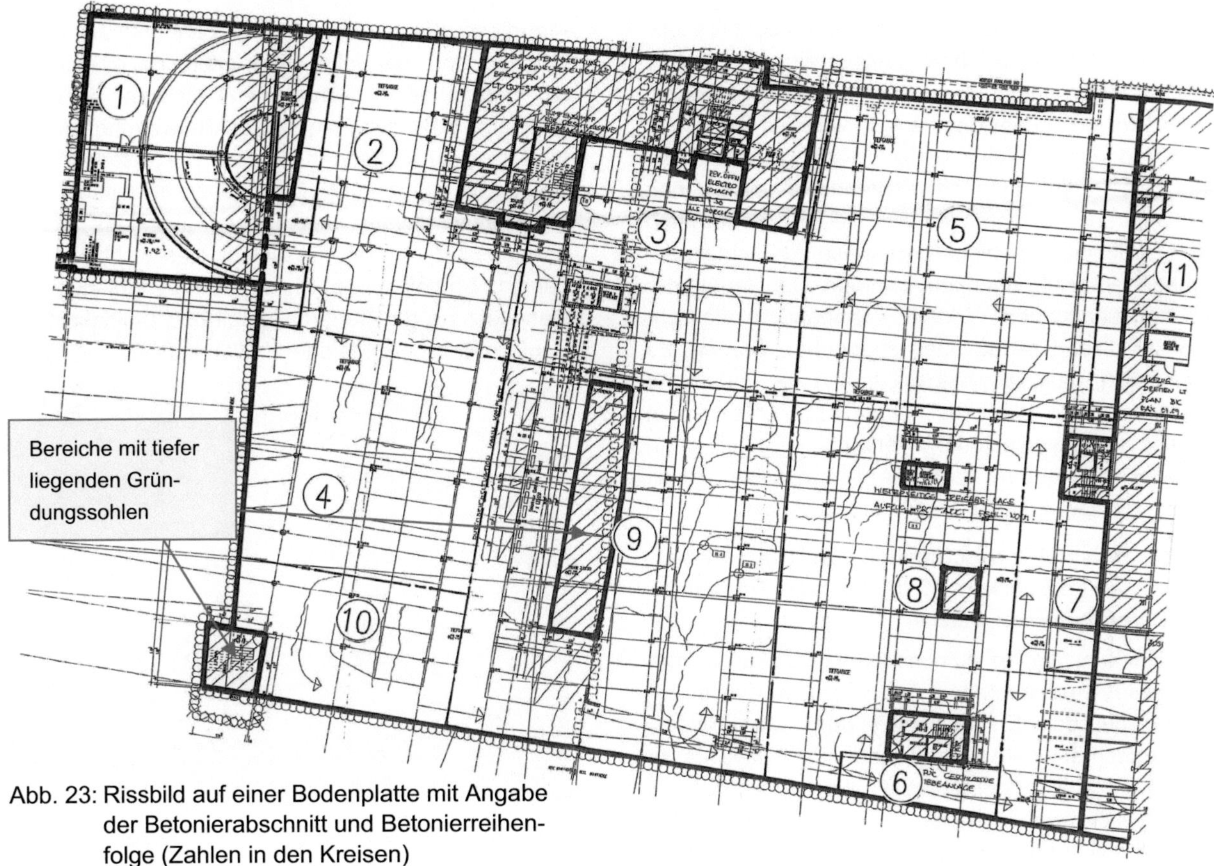


Abb. 23: Rissbild auf einer Bodenplatte mit Angabe der Betonierabschnitt und Betonierreihenfolge (Zahlen in den Kreisen)

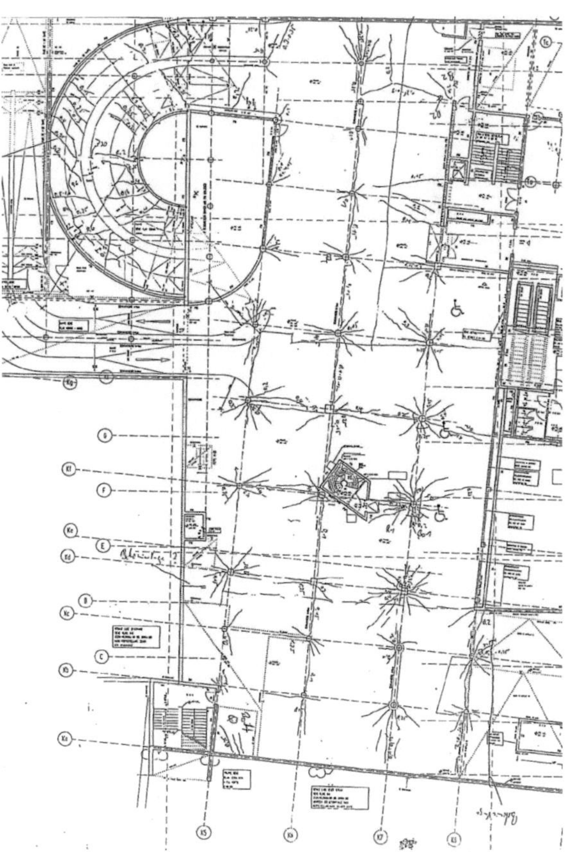

Abb. 24: Rissbild auf der Oberseite einer Zwischendecke einer Tiefgarage

In den Plan der Bodenplatte sind neben dem Rissbild auch die Betonierabschnittsgrenzen eingetragen und die Betonierreihenfolge vermerkt. Ferner ist durch Schraffur erkennbar gemacht, in welchen Bereichen die Bodenplatte dicker ist bzw. tiefer gegründet ist. An den Versprüngen der Plattendicke und an den Betonierabschnittsgrenzen wird die freie Verformung der Bodenplatte behindert. Es muss zu Zwangspannungen in der Bodenplatte kommen. Der Verlauf der Zwangspannungen kann anhand statisch-konstruktiver Überlegungen angegeben werden. Es zeigt sich, dass die festgestellten Risse annähernd senkrecht zu den aus Zwang zu erwartenden Zugspannungstrajektorien verlaufen. Damit kann ausgesagt werden, dass die festgestellten Risse durch die Zwangspannungen verursacht sind.

### 6.2 Beispiel 2: Untersuchen von Rissmerkmalen an Bohrkernen, die aus dem Bauteil entnommen wurden

Rissflanken, die an entnommenen Bohrkernen begutachtet werden können, liefern u. a. wertvolle Hinweise auf den Entstehungszeitpunkt des Risses. Verlaufen bei einem Beton üblicher Festigkeitsklasse die Risse ausschließlich um die Gesteinskörner des Zuschlaggemisches herum, wie z. B. in Abbildung 25, ist mit großer Wahrscheinlichkeit davon auszugehen, dass die Rissentstehung im jungen Betonalter erfolgte. Anderseits könnte ein solches Ergebnis auch auf eine niederfeste Betonmatrix oder stark verunreinigte Gesteinskörner hindeuten, was zusätzlich zu untersuchen wäre. Bei dem weißen, flächigen Belag handelt es sich um Kalziumcarbonat, das auf eine über längere Zeit andauernde hohe Betonfeuchtigkeit hindeutet bzw. den Schluss zulässt, dass der Riss zumindest zeitweise wasserführend ist bzw. war.

Abb. 25: Untersuchungen am Bohrkern: Rissfläche umläuft die großen Gesteinskörner des Zuschlaggemisches

### 6.3 Beispiel 3: Merkmale von Rissen infolge Setzen des sehr jungen Betons

Unmittelbar nach dem Einbringen erfährt der Beton unter dem Einfluss der Schwerkraft Setzungen. Sofern diese ausgeprägt sind und lokal unterschiedlich erfolgen, z. B. als Folge lokal unterschiedlichen Verdichtungsgrades innerhalb einer Decken- oder Bodenplatte oder als Folge eines Bewehrungsstabes, führt dies zu klaffenden Rissen. Die Risse können Breiten bis zu mehreren Millimetern aufweisen, durch ein Nachverdichten des Betons allerdings wieder geschlossen werden. Geschieht dies nicht, verbleiben im Bauteil breite Risse, die bei fehlender Instandsetzung die Dauerhaftigkeit und Steifigkeit des Bauteils reduzieren (siehe Abbildung 26).

Abb. 26: Setzrisse an einer Deckenoberseite über den Gitterträgern von Filigranplatten

### 6.4 Beispiel 4: Merkmale von Rissen als Folge von Eigen- und Zwangspannungen

Als Folge abfließender Hydratationswärme oder als Folge des Schwindens des Betons kann es zu Eigen- und Zwangspannungen in Stahlbetonbauteilen kommen. Folge von Eigenspannungen sind, je nach Verteilung und Größe der Spannungen, Anrisse des Bauteilqueschnitts mit einer Tiefe von wenigen Bruchteilen eines Millimeters bis zu mehreren Zentimetern. Als Folge von Zwangspannungen können sich auch Durchrisse des Bauteilquerschnittes ergeben.

Eine besondere Form von Eigenspannungsrissen stellen die sog. Krakeleerisse dar, die sehr engmaschig und mit einer Tiefe von bis zu wenigen Millimetern an der Oberfläche von Betonbauteilen vorliegen können. Diese mit bloßem Auge kaum erkennbaren Risse zeichnen sich jedoch häufig als Folge einer Verschmutzung der Risse in einem krakeleeartigen Muster ab, was dieser Art von Rissen den Namen gab. Ohne weiteres Zutun werden diese Risse auch dann sichtbar, wenn eine zuvor beregnete Fläche wieder abtrocknet. Der Grund hierfür ist, dass Wasser in die Mikrorisse tiefer eindringt als in die Bereiche zwischen den Rissen. Bei der nachfolgenden Trocknung bleiben die Risse daher länger feucht und damit dunkler als die nicht gerissenen Bereiche. Diesen Effekt kann man sich bei der Prüfung des Vorhandenseins und der flächigen Ausdehnung derartiger Risse zunutze machen, indem man die mit Wasser besprühte Prüffläche nach einer gewissen Zeit der Trocknung erneut in Augenschein nimmt.

Die Abbildungen 27 bis 30 zeigen Risse als Folge von Eigenspannungen in einem Bodenplattenquerschnitt. Zur Erkundung der Rissmerkmale wurden Bohrkerne entnommen. Die sich in den Abbildungen 27 und 28 im Verlauf der Trocknung der zuvor befeuchteten Prüfflächen abzeichnenden, krakeleeartigen Risse reichen nur Bruchteile eines Millimeters in den Beton hinein. Der bei der Probe in Abbildung 28 zusätzlich erkennbare, mit einem Pfeil gekennzeichnete Riss gehört zu einem weitmaschigen Netz von Rissen (siehe Abbildung 30), bei dem die Risse bis zu ca. 50 mm in den Querschnitt hineinreichen (Abbildung 29).

Abbildung 31 zeigt signifikante Einzelrisse in einer Bodenplatte, die durch Zwangspannungen infolge abfließender Hydratationswärme entstanden sind. Erkundungen zeigten, dass diese Risse den gesamten Plattenquerschnitt durchsetzen und die groben Gesteinskörner des Zuschlagsgemisches umlaufen. Die Risse wurden erst beim Kugelstrahlen und Reinigen der Bodenplatte deutlich erkennbar.

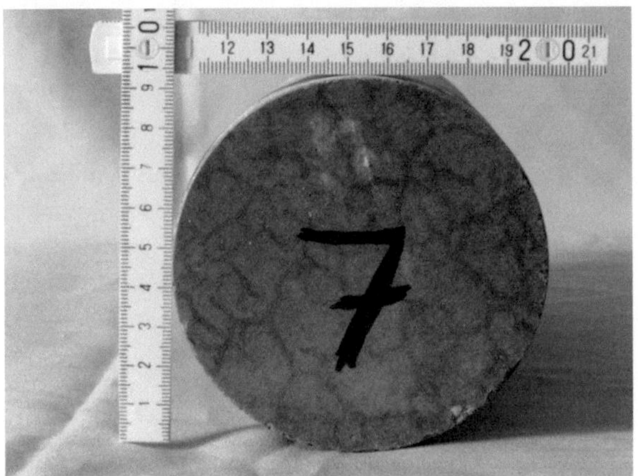


Abb. 27: Krakeleerisse infolge von Eigenspannungen

Abb. 28: Krakeleerisse sowie Riss aus grobmaschigerem Rissenetz. Beide Rissarten sind die Folge von Eigenspannungen

Abb. 29: Ermittlung der Tiefe von Rissen infolge Eigenspannungen

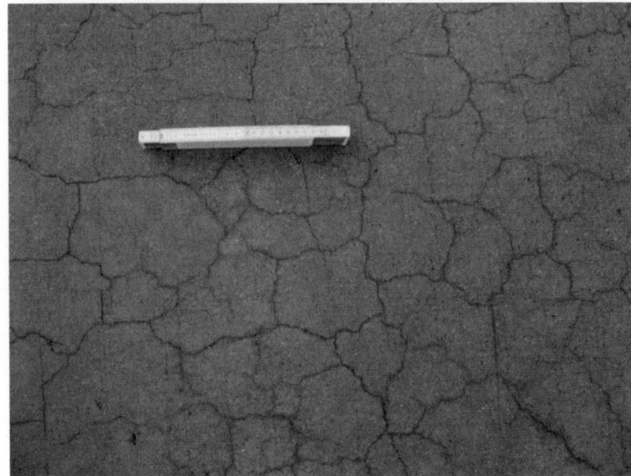

Abb. 30: Grobmaschiges Netz von Rissen infolge Eigenspannungen

Abb. 31: Signifikante Einzelrisse infolge von Zwangspannungen

### 6.5 Beispiel 5: Merkmale von Rissen infolge treibender Reaktionen

Das Gefrieren von Wasser oder treibende chemische Reaktionen innerhalb des Betonquerschnittes verursachen ein dreidimensionales Netz von Mikrorissen, dessen Merkmale an An- oder Dünnschliffen unter dem Mikroskop weiter untersucht werden können (Abbildung 32). Unter anderem lassen sich hierbei bereits die die Mikrorissbildung verursachenden Agenzien identifizieren. Sollte dies nicht der Fall sein, müssen weiterführende Untersuchungen, z. B. mittels Röntgendiffraktometrie, erfolgen. Abbildung 33 zeigt das Ergebnis einer solchen Analyse. Das Analyseergebnis lässt im gezeigten Fall auf Ettringit als treibende Substanz (mit „E“ gekennzeichnete Peaks) in der Mörtelmatrix des Betons schließen.

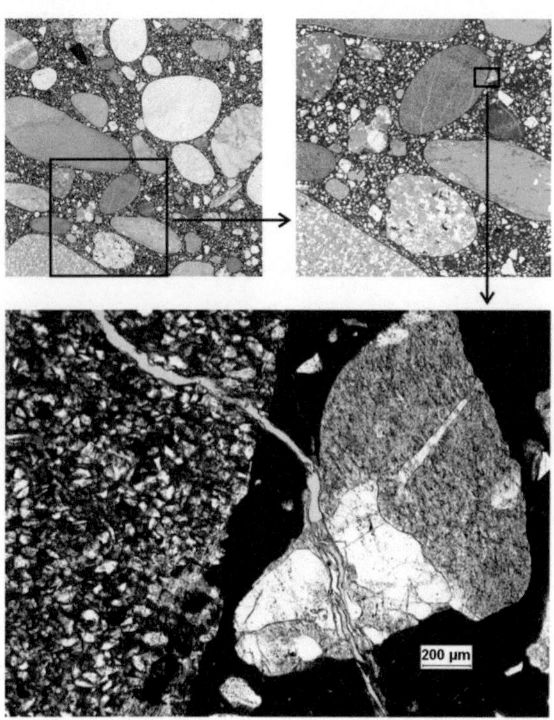


Abb. 32: Dünnschliff in verschiedener Vergrößerung. Quelle [11]

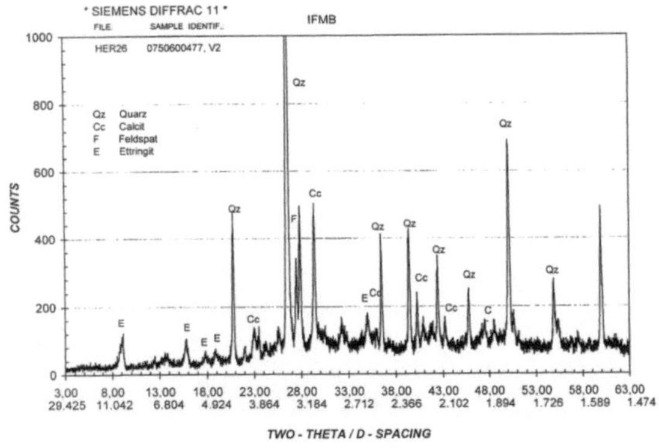


Abb. 33: Ergebnisdiagramm einer Röntgendiffraktometrieuntersuchung. Quelle [11]

## 6.6 Beispiel 6: Merkmale von Schalenrissen

Als Folge der mechanischen Einwirkungen beim Abscheiben und Glätten von Decken oder Bodenplatten kann es unter bestimmten Randbedingungen zu einer Vorschädigung der oberen Randzone des Plattenquerschnittes kommen. Die Schädigung besteht in einer ansatzweise auftretenden Trennung zwischen einer wenige Millimeter dicken Feinteilschicht und dem Kernbereich der Betonplatte (Abbildung 34). Häufig entsteht aus dieser Vorschädigung erst im Zuge des Trocknungsschwindens der Platte, durch mechanische Einwirkungen oder durch Frostbeanspruchungen eine vollständige Schichtentrennung. Die durch das Schwinden der feinteilreichen Schicht bewirkten grobmaschigen Netzrisse fördern die Schalenrissbildung, indem an den Netzrissen zusätzlich Ablösespannungen induziert werden.

Abb. 34: Trennung einer wenige Millimeter dicken Feinteilschicht vom Kernbereich einer Betonbodenplatte (Stadium einer Probennahme)

Im Falle einer Korrosion von Bewehrungsstahl führt der durch die Korrosionsprodukte verursachte Sprengdruck führt zu Rissbildungen parallel zur Bauteiloberfläche (Abbildung 35 rechts). Je nach Abstand der korrodierenden Bewehrungsstäbe kommt es hierbei zu mehr oder weniger eng liegenden schuppenartigen Betonabsprengungen (Abbildung 35 links).

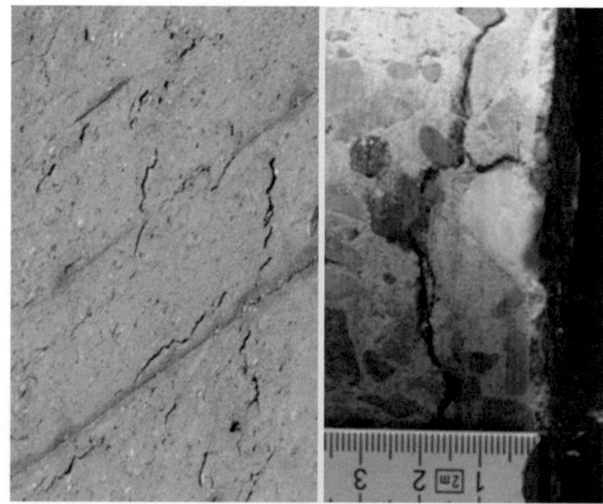

Abb. 35: Schuppenartige Betonabsprengungen über korrodierender Bewehrung

## 6.7 Beispiel 7: Risse infolge von Biegung mit nicht ausreichender Längsbewehrung über dem Zuggurt

In einer 45 Jahre alten Aula einer Haupt- und Realschule fielen Risse an einigen Trägern des Trägerrostes der Dachdecke auf (Abbildung 36). Die Rissbreiten erschienen relativ breit. Die Erkundung vor Ort ergab, dass die als Biege- und teilweise auch Schubrisse vorliegenden Risse zwar deutlich sichtbar waren, die Rissbeiten betrugen tatsächlich aber maximal 0,15 mm. Die Risse waren deshalb so deutlich sichtbar, weil die Betonoberfläche gestockt war. Beim Stocken brachen die Rissufer auf. Die Rissbreiten waren zudem innerhalb des 1 m hohen Steges deutlich größer als im Zuggurt. Dort verzweigten die Risse teilweise und waren teilweise kaum noch zu erkennen. Die Einsicht in die vorliegenden Bewehrungspläne und die zerstörungsfreie Überprüfung zeigte, dass eine ausreichende Längsbewehrung über dem Zuggurt fehlt, um eine Beschränkung der Biegerisse im Steg zu gewährleisten. Da die Betonflächen bereits unmittelbar nach der Herstellung des Daches gestockt wurden, stammen die Risse bereits aus der Zeit der Herstellung des Daches.

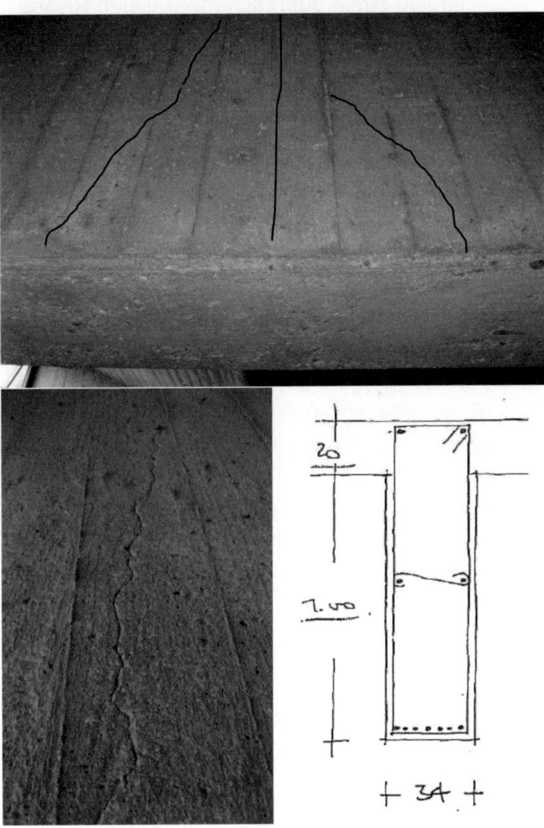


Abb. 36: Risse in den Stegen eines Trägerrostes mit geringer Stegländsbewehrung und gestockten Betonoberflächen

## 6.8 Beispiel 8: Risskantenausbrüche durch Biegebeanspruchung mit Vorzeichenwechsel

Rissuferausbrüche deuten auf Rissbewegungen hin. Bei nicht vorgespannten kreisförmigen Silozellen ist die Silowand infolge des horizontalen Drucks Ringzugkräften ausgesetzt. Diesen Zugspannungen überlagern sich zusätzlich Biegespannungen infolge von Temperaturänderungen. Sehr häufig reicht die Zugfestigkeit des Betons noch aus, die überlagerten Ringzugnormalkräfte und Biegespannungen infolge von Temperatur aufnehmen zu können. Abbildung 37 zeigt einen Teilausschnitt der Wandaußenfläche eines Zementsilos mit vorwiegend vertikal verlaufenden Rissen und deutlichen Rissflankenausbrüchen. Bei der Entleerung von Zementsilos werden durch die speziellen Austragmechanismen exzentrische Fließsituationen erzeugt, die in der Silowand zu Biegebeanspruchungen mit wechselndem Vorzeichen führen. Durch diese stehen die äußeren Querschnittsfasern zeitweise unter Druck, zeitweise unter hohen Zugbeanspruchungen. Diese Wechselbeanspruchung führt zu einer starken Beanspruchung an den Rissflanken insbesondere an den Wandoberflächen.

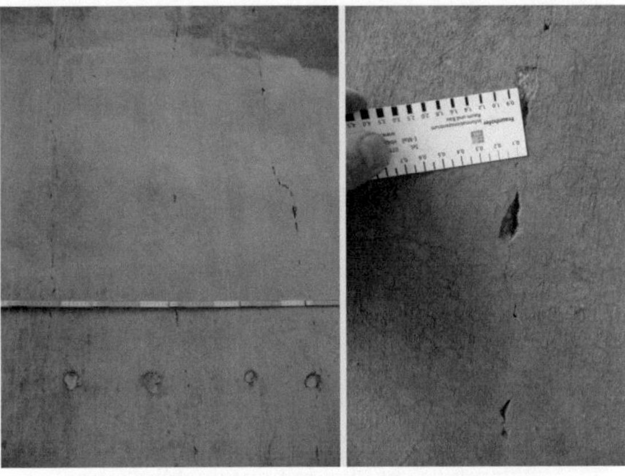

Abb. 37: Rissuferausbrüche infolge einer Biegebeanspruchung der Silowände mit wechselndem Vorzeichen

## 6.9 Beispiel 9: Oberflächenparallele Risse in der Außenwand einer Weißen Wanne

Bei der Instandsetzung des hochwassergeschädigten sogenannten „Schürmannbaus" in Bonn mussten auch die Risse in der Außenwand der nach der Instandsetzung mit Druckwasser beaufschlagten Weißen Wanne abgedichtet werden. Bereits die aufgenommenen Rissverläufe an den Wandflächen deuteten auf möglicherweise versteckte Risse im Bauteilinneren hin (Abbildung 38).

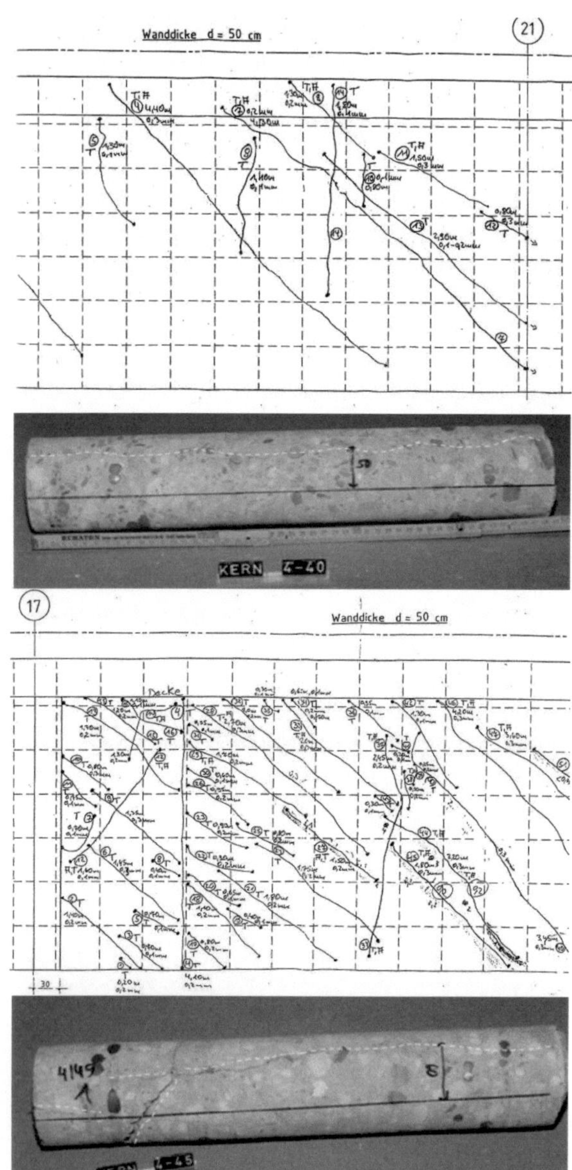

Abb. 38: Rissbilder und zugeordnete Bohrkerne von Wandabschnitten mit unterschiedlichen Schädigungsgraden. Unten: neben Trennriss ein weiterer schräg zur Oberfläche verlaufender Riss

Neben Wandflächen mit einem „geordneten" Rissbild mit schrägen Rissen in größeren Abständen untereinander, lagen insbesondere an Stellen mit Steifigkeitssprüngen z. B. Wandecken etc. Rissbilder mit vielen Rissen geringer Rissabstände, z. T. auch sich kreuzenden Rissen vor. Erkundungsbohrungen zeigten, dass es sich bei den Rissen mit „geordnetem" Rissbild um Trennrisse über den gesamten Querschnitt handelte, wobei die Risse selten aus der Bohrkenachse herausliefen. Bohrkerne aus den Bereichen mit starker Rissbildung wiesen neben den typischen Trennrissen zusätzliche Risse auf, die schräg zur Wandoberfläche oder auch parallel zur Oberfläche verliefen und somit z. T. an der Wandoberfläche nicht direkt sichtbar waren.

Bei der Injektion der Risse zeigten sich Verbindungen zwischen den Rissen. In einem Fall führten die oberflächenparallelen Risse auch zu einem „Aufwölben" der Wand bei relativ niedrigen Verpressdrücken. Die Kernbohrung in Abbildung 39 zeigt, wie sich in einem oberflächenparallelen Riss unmittelbar hinter der Wandbewehrung das Verpressgut (Zementsuspension) „angesammelte" und zu einem beginnenden Aufplatzen der Betondeckung führte (Horizontalriss in der Abbildung 39).

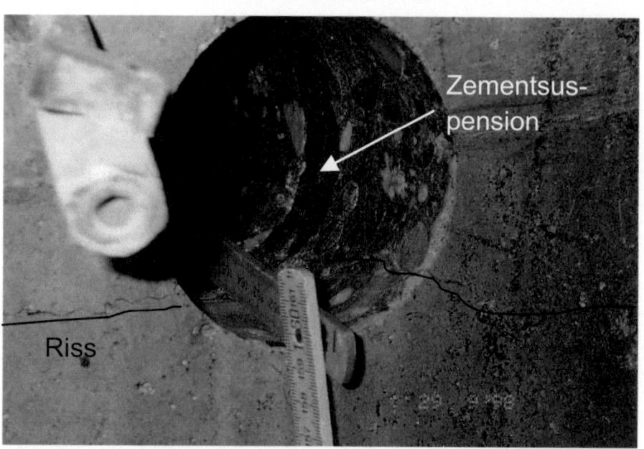


Abb. 39: Bei der Rissinjektion „aufgewölbte" Wand infolge eines oberflächenparallelen Risses

### 6.10 Beispiel 10: Wassereintritte durch Risse in der Bodenplatte einer Weißen Wanne

Nach dem Anstieg des Grundwassers kam es bei der Bodenplatte einer Weißen Wanne, unmittelbar nachdem das Grundwasser das Niveau der Oberkante der Bodenplatte überschritten hatte, zu massiven Leckagen durch in der Bodenplatte befindliche Risse (Abbildung 40). Die Weiße Wanne war für einen sehr hohen Wasserdruck ausgelegt mit zweilagiger, die Rissbreiten beschränkender Bewehrung. Wie die Erkundung zeigte, waren die Rissbreiten mit $w \leq 0{,}15$ mm tatsächlich auch so klein, dass es nach den allgemein bekannten Kriterien (Zusammenhang zwischen Rissbreite, Druckhöhe, Wanddicke und möglicher Selbstheilung) nicht zu einem so starken Wasserandrang hätte kommen dürfen.

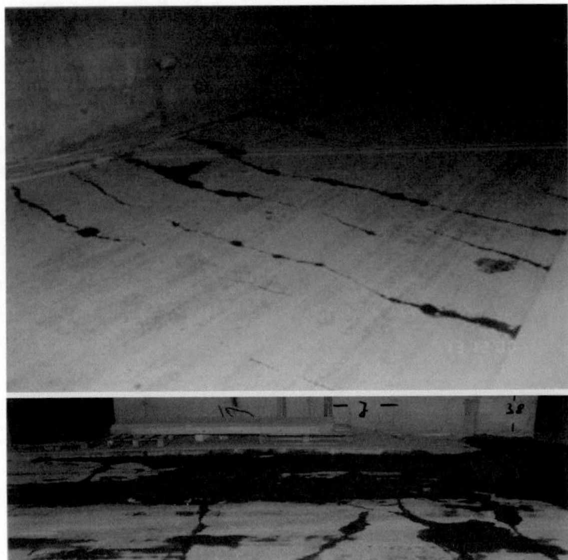

Abb. 40: Leckagen als Folge feiner Risse in einer Weißen Wanne unmittelbar nach Anstieg des Grundwasserspiegels über das Niveau der Oberkante der Bodenplatte

Über eine weitere Erkundung der Rissmerkmale konnte aber aufgezeigt werden, dass ein großer Teil der zahlreichen Risse mit Durchfeuchtungen über Verbundstörungen entlang der oberen Lage der Bodenplattenbewehrung mit Wasser gespeist wurde. Das Wasser konnte über vereinzelte Risse mit größeren Rissbreiten oder über Betonierfehler wie Kiesnester infolge unzureichender Verdichtung an diese Bewehrung gelangen, über die es sich dann in der Fläche verteilte (siehe Abbildung 41 sowie Prinzipskizzen in den Abbildungen 42 und 43).

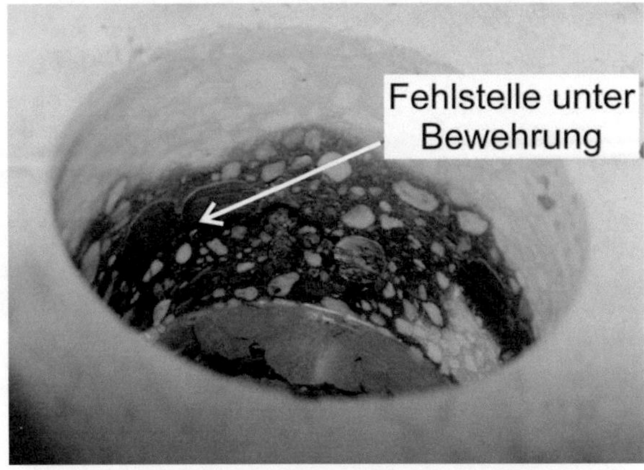


Abb. 41: Beispiel für Bohrkern aus einem Bereich ohne erkennbaren Riss in der Bodenplatte. Unterhalb der Bewehrung befand sich eine Fehlstelle, durch die Wasser in das Bohrloch eintrat und dieses rasch mit Wasser füllte

Bei Erkundungs- bzw. Probeinjektionen mit eingefärbtem Wasser und speziellem, feuchteunempfindlichem Epoxidharz zeigte sich, dass sich das Injektionsgut, flächig entlang der Bewehrung verteilte (siehe Prinzipskizze in Abbildung 43). Bei sogenannten Fehlbohrungen zum Setzen der Injektionspackern waren zudem Wasseraustritte zu beobachten (siehe Punkt 9 in Abbildung 43). Mit Fehlbohrungen sind hier Bohrungen gemeint, bei denen man während des Bohrens der Injektionskanäle wegen des hohen Bewehrungsgehaltes der Bodenplatte (rissbreitenbeschränkende Bewehrung) auf Bewehrung traf und, da mit Schlagbohrgeräten gearbeitet wurde, man die Bohrung abbrechen und neu ansetzen musste. Diese Bohrungen reichten somit maximal bis zur 2. Lage der oberen Plattenbewehrung. An einigen Stellen kam es bereits unmittelbar nach dem Bohren zu Wasseraustritten aus diesen Bohrungen, obwohl an der Bohrstelle selbst keine Risse oder Betonfehlstellen an der Bodenplattenoberseite erkennbar waren. Das Wasser musste hier an der Bewehrung angestanden haben. Nur die Betonüberdeckung hatte ein Durchdringen durch die Platte verhindert.

An den Stellen, an denen sich aber Risse infolge von Zwang etc. in der Bodenplatte befanden, konnte das Wasser nun an der Oberfläche austreten, obwohl die Risse an sich hinsichtlich ihrer Rissbreite nach allgemeinem Stand der Technik bei dem anstehenden Wasserdruck nicht als wasserführend einzustufen gewesen wären.

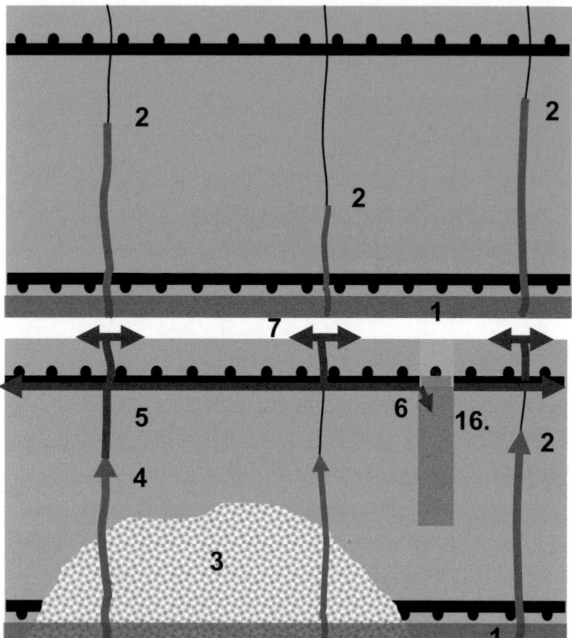


Abb. 42: Abdichtungsprinzip der Konstruktion Weiße Wanne und prinzipielle Darstellung der aufgetretenen Undichtigkeiten
Oben: Abdichtungsprinzip der Weißen Wanne: 1. nur geringe Wassereindringung in den Beton. 2. Anzahl der Risse und Rissbreiten werden durch entsprechende Bewehrung und betontechnologische Maßnahmen beschränkt, so dass Wasser nicht durch das Bauteil gelangt.
Unten: Durchfeuchtungen infolge von Betonierfehlstellen: 3. durch z. B. Kiesnester oder 4. breite Risse gelangt das anstehende Wasser entweder direkt bis zur Betonoberfläche des Gebäudeinneren oder 5. bis zur oberen Plattenbewehrung. Bei vorhandenen Verbundstörungen (6.) verteilt sich das vordringende Wasser in der Fläche und tritt an vorhandenen Rissen mit eventuell auch sehr kleinen Rissbreiten in das Gebäudeinnere (7.). Zu Wasseraustritten kam es auch an den Stellen, wo die Bewehrung an den Bohrkernentnahmestelle angeschnitten wurde (16.).

Verbundstörungen haben neben der eingeschränkten statischen Funktion – durch den mangelhaften Verbund kann die eingelegte Bewehrung statisch nicht voll wirksam werden – auch eine weitere negative Auswirkung auf die Dichtigkeit. Durch den schlechteren Verbund zwischen Stahl und Beton ist die rissbreitenbeschränkende Wirkung der eingelegten Bewehrung beeinträchtigt. Die Rissbreiten werden größer als bei einem ordnungsgemäßen Verbund. Das Wasser hat es nun leichter, durch die Risse zu gelangen.

Der Wassertransport entlang von Verbundstörungen im Bereich der Bewehrung wurde auch bei der Entnahme von Bohrkernen aus rissefreien Bereichen deutlich. Selbst in den Bohrlöchern von Bohrkernentnahmestellen, bei denen sich keine Risse oder Betoniermängel an der Betonoberfläche abzeichneten, war festzustellen, dass Wasser in die Bohrlöcher eindrang und zwar aus Fehlstellen im Beton, die sich unmittelbar unter der bei der Bohrkernentnahme angeschnittenen oberen Bodenplattenbewehrung befanden (Verbundstörung) (Abbildung 41).

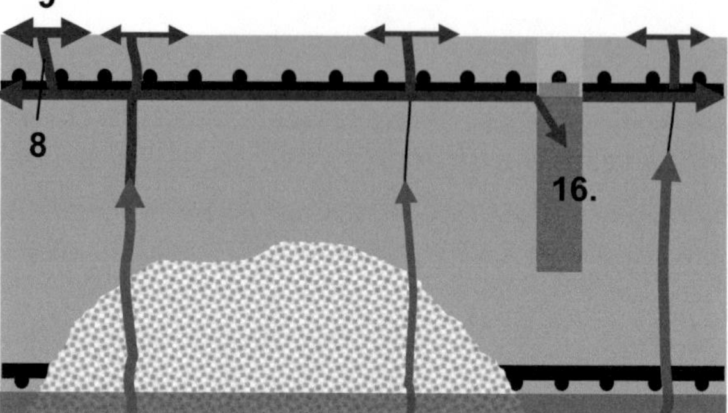


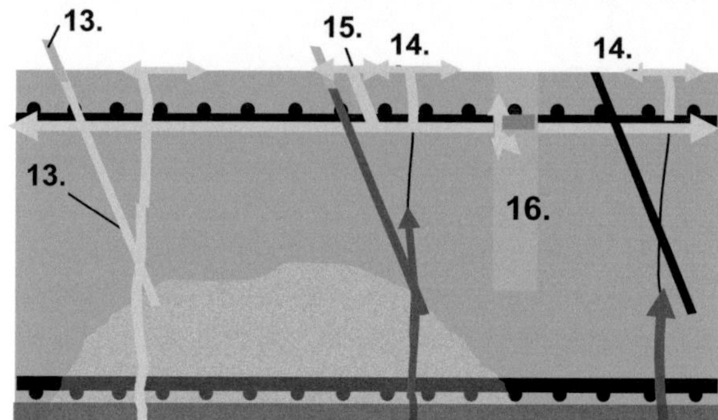


Abb. 43: Beobachtungen während der Durchführung der Injektionsarbeiten, die die vorliegenden Verbundstörungen weiter belegen.
Oben: Wasseraustritte (9.) aus sogenannten Fehlbohrungen (8.) beim Herstellen der Injektionskanäle für die Bohrpacker zur Injektion der Risse. Zu Wasseraustritten kam es auch an den Stellen, wo die Bewehrung an den Bohrkernentnahmestellen angeschnitten wurde (16.).
Unten: Austritte von Injektionsgut oder Wasser beim Vorinjizieren (13.) an benachbarten Rissen (14.), Fehlbohrungen (15.) und an den Bewehrungsschnittflächen der Bohrkernentnahmestellen (16.).

Die Hauptursache für die Fehlstellen unter der Bewehrung war das Flügelglätten, das vermutlich bei bereits zu weit angesteiftem Beton durchgeführt worden war.

## 6.11 Beispiel 11: Rissbildung durch Korrosion der Bewehrung

Risse an Betonoberflächen können auch auf die Sprengwirkung durch eine Volumenausdehnung des Bewehrungsstahles bei Korrosion zurückzuführen sein. Bei einer zu einer Werkstatt umgenutzten Halle, die ehemals als offenes Salzlager eines Bauhofes genutzte war, traten trotz eines flächig aufgebrachten Oberflächenschutzsystems nach wenigen Jahren der Nutzung Risse auf. Signifikant war bei diesen Rissen, dass sie parallel zu den Bauteilkanten verliefen, also dort, wo sich üblicherweise die tragende Bewehrung (Stützen) oder Randbewehrung der Wandplatten befindet. Nach dem Entfernen des hohl liegenden Betons kam die stark korrodierte Bewehrung zum Vorschein. Die Stahlbetonfertigteile waren nur an den Innenflächen mit dem Oberflächenschutzsystem versehen.

Abb. 44: Foto oben: horizontale Risse in den Betonfertigteilen oberhalb der Fenster. Unten: sichtbar korrodierte Bewehrung nach dem Entfernen des losen Betons

Abb. 45: Links: vertikale Risse entlang der Stützenbewehrung infolge von Korrosion der Bewehrung. Rechts: Stützen und Fertigteile an der zugehörigen Wandaußenseite.

Abbildung 45 zeigt, dass es bei der Stütze auch bereits an der Wandaußenfläche zu Rissbildungen entlang der Bewehrung infolge von Bewehrungskorrosion kam.

### 6.12 Beispiel 12: Schubrisse in einem Spannbetonbinder mit großen Stegöffnungen

Im Zuge einer Dachsanierung einer Sporthalle wurde festgestellt, dass es durch falsch angeordnete Wassereinläufe zu einer Wassersackbildung und somit zu vermeintlich erhöhten Dachbelastungen kam. Daraufhin wurden die Spannbettbinder auf Risse hin untersucht. Bei einer großen Anzahl der Binder wurden in den Stegbereichen z. T. beträchtliche Rissbildungen mit maximalen Rissbreiten unmittelbar an den kreisrunden Stegöffnungen von bis zu 0,6 mm festgestellt (Abbildung 46). Eine zerstörungsfreie Erkundung der eingelegten Stegbewehrung ergab, dass diese nach Plan eingelegt worden war (Abbildung 47).

Abb. 46: Klaffende Schubrisse in den Stegen der Spannbettbinder einer Sporthalle (nahe der Stegöffnungen)

Eine Nachrechnung der zum Zeitpunkt der Untersuchung ca. 25 Jahre alten Halle zeigte, dass die aufgemessenen Verformungen nachvollziehbar sind. Auch die Biegetragfähigkeit war gegeben. Der im Zuge der Dachsanierung vorgesehene Verzicht auf die Kiesschüttung erhöhte das Sicherheitsniveau zusätzlich. Dennoch war die Tragfähigkeit der Binder mit den bisherigen und zukünftigen Lasten nach der Dachinstandsetzung nicht ausreichend gegeben. Grund hierfür war die bereichsweise nicht ausreichende Stegbewehrung, die bei der Bemessung offensichtlich ausschließlich für die äußeren Lasten aus dem Querkraftnachweis ermittelt wurde und nicht mit der Bewehrung für die Lasteinleitung der Spannlitzen überlagert wurde. Nach den durchgeführten Berechnungen lag das Sicherheitsniveau bei Auftreten der maximalen Lasten knapp bei 1,0. Eine Verstärkung der Binder wurde erforderlich.

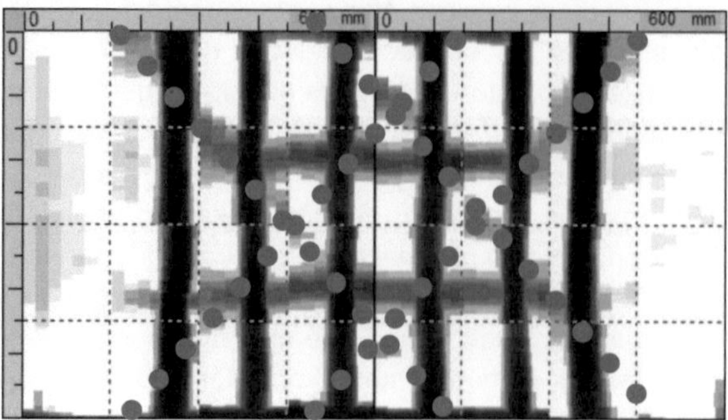

Abb. 47: Ergebnis einer zerstörungsfreien, auf elektromagnetischer Basis erfolgten Erkundung des Verlaufs der Bewehrung. Durch Bündelung des elektromagnetischen Feldes wird der Verlauf der Bewehrung visualisiert. Schräg verlaufende Bewehrungsstäbe sind allerdings nur eingeschränkt sichtbar zu machen. Der Verlauf dieser Bewehrungsstäbe wurde daher in der Abbildung mit Punkten nachträglich markiert.

### 6.13 Beispiel 13: Risse in Stahlbetonbauteilen nach einem Brand

Bei einem Brand in einer Abstellhalle für Straßenbahnen soll es laut Aussagen und Messungen der Feuerwehr zu einer Temperaturentwicklung von bis zu 1250 °C gekommen sein. Beim Beton kann die Wärmeeinwirkung im Brandfall sowohl reversible aber zum Teil auch irreversible Festigkeitseinbußen bewirken. Sie führt zudem häufig zu erhöhten elastischen und irreversiblen Formänderungen, Gefügespannungen und einer Abminderung der Verbundfestigkeit zwischen Beton und Bewehrung. Die Betoneigenschaften ändern sich dabei insbesondere infolge von Gefügespannungen, die aus der materialbedingten Inhomogenität des Gefüges resultieren. Daneben entstehen durch die von außen nach innen fortschreitende Erhitzung der Bauteile Eigen- und Zwangsspannungen, die zu Rissbildungen führen können.

Die Ergebnisse der visuellen Untersuchungen der Bauteiloberflächen (Abbildung 48) und der Untersuchungen mit dem Rückprallhammer zeigten, dass es im unmittelbaren Bereich des Brandherdes tatsächlich zu Gefügestörungen an der Betonoberfläche gekommen sein könnte. Die Oberfläche zeigte ein engmaschiges Netz von feinen Rissen. Diese Vermutung wurde durch eine Bohrkernentnahme bestätigt. Die Bohrkerne aus dem Brandherd (Abbildung 50) zeigten in den oberflächennahen Randzonen mehrere oberflächenparallele Risse (sowohl im Bohrloch als auch am Bohrkern), die die niedrigen Rückprallwerte erklären.

Abb. 48: Beschaffenheit der Betonoberfläche im Bereich des Brandherds. Ein Netz von feinen Rissen an der Bauteiloberfläche und niedrige Rückprallwerte deuteten auf Gefügestörungen im Beton hin

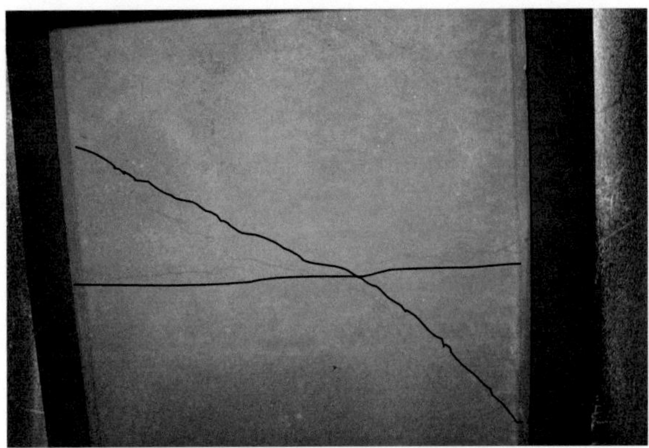

Abb. 49: Rissbildung in den Stahlbetonstützen infolge der Temperaturzwängungen

Infolge der Erwärmung der Dachkonstruktion aus Stahl kam es sowohl in Längs- als auch in Querrichtung des Daches zu erheblichen Temperaturausdehnungen in den Stahl- und Stahlbetonträgern, die zu Zwängungen in den Verbindungen der Träger untereinander und zu lokalen Rissen (Abbildung 49) in den Stahlbetonstützen führten. Die Risse in den Stahlbetonbauteilen sind jedoch sehr fein und stellten für sich keine Beeinträchtigung der Tragfähigkeit dar.

Abb. 50: An den Schnittkanten des Bohrkerns erkennbare Gefügestörungen in der oberflächennahen Randzone des Bauteilquerschnitts

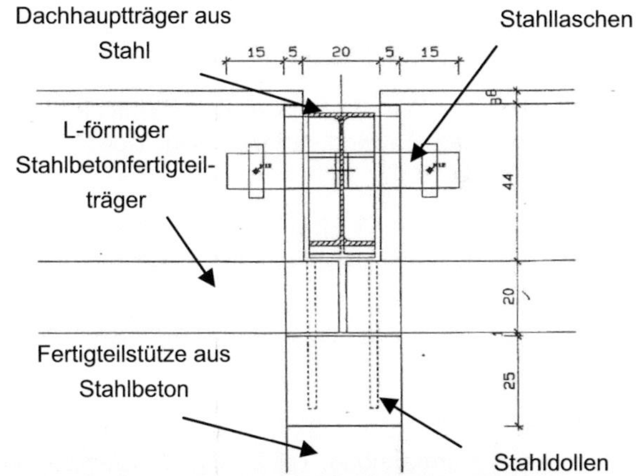

Abb. 51: Relativverformungen in der Abkühlphase zwischen Stahlträger, Stahlwinkel und Fertigteilträger

## 7 Literatur

[1] Hillemeier, B. et al.: Instandsetzung und Erhaltung von Betonbauwerken. In: Betonkalender Teil II 1999, 595-720

[2] Richtlinie Erhaltung und Instandsetzung von Bauten aus Beton und Stahlbeton – Anwendungen und Prüfverfahren. Österreichischer Betonverein, 04/1994

[3] Donges, A., Noll, R. (1993) Lasermesstechnik – Grundlagen und Anwendungen. Hüthig Buch Verlag, Heidelberg

[4] Deutscher Beton- und Bautechnikverein e.V.: Merkblatt Rissbildung. Begrenzung der Rissbildung im Stahlbeton- und Spannbetonbau. Fassung Januar 2006

[5] Stratmann, R. u. a.: Digitale Erfassung und Bewertung von Rissen. Beton- und Stahlbetonbau. 103 (2008), H.4, S. 251-261.

[6] Niemeier, W., Stratmann, R.: Rissmonitoring in der modernen Bauwerksunterhaltung. Der Prüfingenieur Oktober 2007

[7] ZTV-ING, Teil 3 Massivbau, Abschnitt 5: Füllen von Rissen und Hohlräumen in Betonbauteilen. Stand 01/2003.

[8] Form+Test Prüfsysteme. Produktübersicht. Prüfgeräte für die Instandsetzung.

[9] J. Eibl, C. Ruckenbrod, u. a.: Hochwasserschäden am Schürmannbau. Teil 2: Schadensfeststellung und Voruntersuchungen zur Konzeption der Instandsetzungs-, Um- und Weiterbaumaßnahmen. Beton- und Stahlbetonbau 98 (2003), Heft 8, 464-472

[10] J. Eibl, C. Ruckenbrod, u. a.: Hochwasserschäden am Schürmannbau. Teil 4: Instandsetzung der Untergeschosse. Beton- und Stahlbetonbau 98 (2003), Heft 8, 481-489

[11] Materialprüfungs- und Forschungsanstalt, MPA Karlsruhe des Karlsruher Instituts für Technologie: Auszüge aus Prüfungsberichten (mit Genehmigung der MPA)

[12] Müller, H. S., Haist, M.: Rissursachen und betontechnologische Möglichkeiten der Rissbeherrschung. In: 7. Symposium Baustoffe und Bauwerkserhaltung – Beherrschung von Rissen im Beton. Müller, H. S., Nolting, U., Haist, M. (Hrsg.), KIT Scientific Publishing, Karlsruhe, 2010, S. 1-12

[13] Breitenbücher, R.; Youn, B.-Y.: Hygrisch bedingte Risse. In: 7. Symposium Baustoffe und Bauwerkserhaltung – Beherrschung von Rissen im Beton. Müller, H. S., Nolting, U., Haist, M. (Hrsg.), KIT Scientific Publishing, Karlsruhe, 2010, S. 13-22

[14] Nietner, L.: Thermisch bedingte Risse. In: 7. Symposium Baustoffe und Bauwerkserhaltung – Beherrschung von Rissen im Beton. Müller, H. S., Nolting, U., Haist, M. (Hrsg.), KIT Scientific Publishing, Karlsruhe, 2010, S. 23-32

[15] Schnell, J.: Statisch und dynamisch bedingte Risse. In: 7. Symposium Baustoffe und Bauwerkserhaltung – Beherrschung von Rissen im Beton. Müller, H. S., Nolting, U., Haist, M. (Hrsg.), KIT Scientific Publishing, Karlsruhe, 2010, S. 33-40

[16] Bosold, D.: Rissfreie Architektur? In: 7. Symposium Baustoffe und Bauwerkserhaltung – Beherrschung von Rissen im Beton. Müller, H. S., Nolting, U., Haist, M. (Hrsg.), KIT Scientific Publishing, Karlsruhe, 2010, S. 73-76

# Risse in Betonbauten – Risikobewertung aus technischer Sicht

Frank Fingerloos


## Zusammenfassung

Risse sind eine typische, die Stahlbeton- und Spannbetonbauweise kennzeichnende Erscheinung. Sie können selbst bei großer Sorgfalt im Entwurf und während der Ausführung auch im Gebrauchszustand nicht mit Sicherheit vermieden werden. Risse beeinträchtigen weder die Gebrauchstauglichkeit noch die Dauerhaftigkeit von Betonbauwerken, sofern sie ausreichend verteilt und ihre Breite durch Maßnahmen, die auf die Umgebungsbedingungen sowie auf die Art und Funktion des Bauwerks abgestimmt sind, auf unschädliche Werte begrenzt werden. Vor diesem Hintergrund sind Risse, vorbehaltlich besonderer Vereinbarungen, nicht grundsätzlich als Sachmangel anzusehen. Auf Risiken, die aus den unterschiedlichen Anforderungen an die Rissbreitenbegrenzung herrühren, wird eingegangen. Es werden Empfehlungen gegeben, wie Rissbreiten am Bauteil gemessen und im Hinblick auf Normenkonformität bewertet werden können.


## 1 Allgemeines

Risse im Stahlbeton sind erforderlich, um die Bewehrung zu aktivieren. In vielen Fällen sind sie wegen der relativ geringen, stark streuenden Betonzugfestigkeit im Zusammenwirken mit einwirkenden Zugspannungen nicht zu vermeiden. Jedoch ist es erforderlich, ihre Breite im Hinblick auf den Korrosionsschutz der Bewehrung, das Erscheinungsbild und ggf. die Dichtigkeit zu begrenzen. Im Vordergrund dieses Beitrages steht die Bewertung von Rissen hinsichtlich ihres Risikos, ihrer Auswirkungen und ihrer Zuordnung zum Mangelbegriff.

## 2 Anforderungen an Rissbreiten

### 2.1 Randbedingungen

Die zu erfüllenden Anforderungen an die Rissbreitenbegrenzung bestimmen im Wesentlichen, ob ein Mangel vorliegt oder nicht. Sie sind verknüpft mit den technischen Möglichkeiten in Planung und Ausführung, die Rissbreiten zu begrenzen. Das technische Risiko muss bei größer werdenden Anforderungen an die Rissbreitenbegrenzung mit deutlich zunehmendem technischen Aufwand beherrscht werden

Die Anforderungen hängen ab von

- der Funktion des Bauwerks bzw. Bauteils und den daraus folgenden Anforderungen an die Gebrauchstauglichkeit (z. B. Wasserundurchlässigkeit) und das Erscheinungsbild (z. B. Sichtbeton),
- den Umgebungsbedingungen (Expositionsklassen) und den daraus folgenden Anforderungen an die Dauerhaftigkeit,
- der Bauart (Spannbeton oder Stahlbeton),
- der Vorspannart (extern, intern, sofortiger oder nachträglicher Verbund),
- den Einwirkungen (Last- oder Zwangsbeanspruchung) und Einwirkungskombinationen (quasi-ständig, häufig, selten),
- der Korrosionsempfindlichkeit der Bewehrung (Betonstahl, Spannstahl),
- der erforderlichen Steifigkeit zur Vermeidung übermäßiger Verformungen,
- den Anforderungen von Nachfolgegewerken (z. B. Beschichtungen),
- den mechanischen Beanspruchungen der Rissufer bei Verkehr auf gerissenen Bauteilen.

### 2.2 Wasserundurchlässigkeit

Biegerisse bleiben erfahrungsgemäß von untergeordnetem Einfluss auf die Undurchlässigkeit von Betonbauwerken, solange der Querschnitt nicht vollständig durchreißt, d. h., solange eine ausreichend dicke Restdruckzone im Beton verbleibt. Trennrisse führen im Vergleich zu Biegerissen schon bei geringen Rissbreiten zur Durchlässigkeit und können nur durch Selbstheilung abdichten oder durch Injektionen abgedichtet werden. Es ist notwendig, die Anforderungen an die Undurchlässigkeit von Betonbauwerken zwischen Auftraggeber, Objektplaner, Tragwerksplaner, Ausführenden sowie späterem Nutzer eindeutig zu vereinbaren (z. B. Beanspruchungs- und Nutzungsklassen nach [1]). Zu diesen Vereinbarungen können auch angepasste, wirtschaftlichere Rissbreitenbegrenzungen als Vertragsziele gehören [2].

### 2.3 Verformungen

Der durch die Rissbildung bedingte Übergang von Zustand I in Zustand II vermindert die Steifigkeit des Bauteils und führt zu einer Zunahme der Verformungen. Dieser Steifigkeitsabfall ist besonders ausgeprägt in schwach bewehrten Bauteilen unter zentrischen Zugbeanspruchungen bzw. kombinierten Zug- und Biegebeanspruchungen und in Bauteilen unter Torsion. Wenn ein solcher Steifigkeitsverlust zu unzulässigen Verformungen bzw. Umlagerungen der Beanspruchungen führt, muss entweder das Bauteil entsprechend konstruktiv durchgebildet oder die mögliche Rissbildung begrenzt werden. Bei verformungsempfindlichen Bauteilen ist eine Verformungsberechnung mit wirklichkeitsnahen Steifigkeitsannahmen für den gesamten Bauteilbereich unter Berücksichtigung der Belastungsgeschichte erforderlich.

### 2.4 Dauerhaftigkeit

Für die Sicherstellung der Dauerhaftigkeit und eines entsprechenden Erscheinungsbildes sind für Stahlbetonbauteile nach DIN 1045-1 [3] bzw. Eurocode 2 (EC2-1-1 [4]) die **rechnerischen** Rissbreiten auf 0,4 mm (trockene Umgebung oder ständig unter Wasser) bzw. auf 0,3 mm (alle anderen Umgebungsbedingungen) unter der quasi-ständigen Einwirkungskombination (Dauerlast) zu begrenzen. Das heißt, dass häufig größere Rissbreiten infolge der Belastung aus der Bauwerksnutzung zu erwarten sind und die Dauerhaftigkeit nicht beeinträchtigen.

Die Dauerhaftigkeit von Stahlbetonbauteilen hängt in hohem Maße von einem zuverlässigen Korrosionsschutz der Bewehrung ab. Dicke und Dichtheit der Betondeckung sind von weit größerer Bedeutung für die Dauerhaftigkeit als die Breite der Risse quer zur Bewehrungsrichtung, solange die an der Bauteiloberfläche vorhandene Rissbreite nicht größer als 0,4 mm bis 0,5 mm wird. Bis zu dieser Grenze gibt es keinen Zusammenhang zwischen dem Absolutwert der Rissbreite und dem Grad der Bewehrungskorrosion. Deswegen ist eine stark differenzierte Abstufung der rechnerischen Rissbreiten in Abhängigkeit von den Umgebungsbedingungen aus Dauerhaftigkeitsgründen bei Stahlbetonbauteilen nicht sinnvoll.

Eine Ausnahme hiervon bilden vorwiegend horizontale, durch chloridhaltiges Wasser von oben beaufschlagte Bauteilflächen, die auch bei kleinen Rissbreiten erhebliche Korrosionserscheinungen infolge der tief eindringenden Chloride zeigen können. Bei befahrenen horizontalen Flächen von Parkdecks, die in die Expositionsklasse XD3 eingestuft werden, ist die Begrenzung der Rissbreite allein kein geeignetes Mittel zur Erzielung einer ausreichenden Dauerhaftigkeit. Hier sind daher zusätzliche Maßnahmen, wie z. B. das Aufbringen einer dauerhaften rissüberbrückenden Beschichtung erforderlich. Trennrisse sind hinsichtlich der Korrosionsintensität wesentlich kritischer zu bewerten als Biegerisse.

Im Gegensatz zu Querrissen können sich Längsrisse parallel zur Bewehrung hinsichtlich der Dauerhaftigkeit ungünstiger auswirken. DIN 1045-1 bzw. EC2-1-1 fordern daher unter bestimmten Voraussetzungen, wie beispielsweise bei Spannbetonbauteilen oder bei großen Momentenumlagerungen, zur Vermeidung von Längsrissen parallel zur Hauptdruckspannungsrichtung für Bauteile in den Expositionsklassen XD, XS und XF entweder die Begrenzung der Betondruckspannungen oder andere besondere Maßnahmen.

### 2.5 Erscheinungsbild

Vorbehaltlich besonderer Vereinbarungen stellt das Erscheinungsbild von Stahlbeton- und Spannbetontragwerken ein subjektives Kriterium dar. Die Breite und die Art von Rissen, die als störend empfunden werden, hängen zudem sehr stark vom Abstand des Beobachters zum Bauwerk, von den herrschenden Lichtverhältnissen und von der Beschaffenheit der Betonoberfläche ab.

Insbesondere bei Sichtbetonbauteilen können Risse unabhängig von ihrer statischen Zulässigkeit und ohne Beeinträchtigung der Dauerhaftigkeit ein hohes Mängelrisiko bergen. Genannt seien hier beispielhaft oberflächliche Krakeleerisse (Abbildung 1) oder horizontal verlaufende Risse auf Fassaden-oberflächen, die durch ablaufende Niederschläge zur Bildung von Schmutzfahnen neigen.

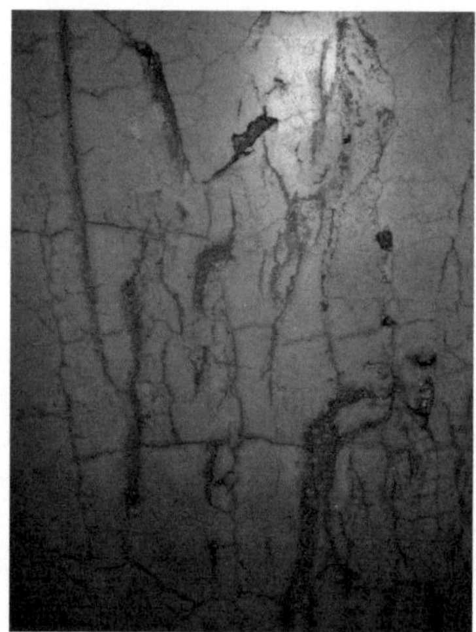

Abb. 1: Krakeleerisse auf Sichtbetonfläche

Ein Beispiel für mögliche Mangeldiskussionen zeigt Abbildung 2, wo ein typischer an sich unschädlicher Biegeriss in einem Sichtbeton-Fertigteil-Flachsturz wegen seiner optisch exponierten Lage und der erhöhten Verschmutzungsneigung gerügt wurde.

Abb. 2: Biegeriss an Sichtbeton-Fenstersturz

## 3 Abschätzung von Rissbreiten

### 3.1 Berechnung nach DIN 1045-1 bzw. Eurocode 2

Die Bemessungsregeln in DIN 1045-1 [3] bzw. Eurocode 2 [4] für die Rissbreitenbegrenzung basieren auf einer Rissformel mit einem Produktansatz aus mittlerer Dehnungsdifferenz zwischen Betonstahl und Beton im Rissbereich und einem maximal erwarteten Rissabstand. Die Rissformel darf neben der konstruktiven Rissbreitenbegrenzung über Grenzdurchmesser und Stababstände zur direkten Berechnung von Rissbreiten genutzt werden. Es wird bei der Berechnung nicht direkt zwischen der Erstrissbildung und dem abgeschlossenen Rissbild unterschieden.

Die Breite von Schräg- und Schubrissen, insbesondere in hohen Balkenquerschnitten, wird nur konstruktiv durch eine Mindestquerkraftbewehrung und weitere konstruktive Regeln beschränkt.

### 3.2 Zusammenhang von Theorie und Praxis

Was wird denn nun eigentlich berechnet und inwieweit kann man diese Werte mit den Rissen auf der Baustelle vergleichen?

Das rechnerische Nachweisverfahren der Normen erlaubt keine „exakte“ Vorhersage und Begrenzung der Rissbreite. Die Rechenwerte der Rissbreite sind nur als Anhaltswerte zu verstehen, deren gelegentliche geringfügige Überschreitung im Bauwerk nicht ausgeschlossen werden kann. Dies ist jedoch bei Beachtung der sonstigen Normregeln im Allgemeinen unbedenklich (d. h. auch Stand der Technik). Es geht darum, die Bauteile nur so gebrauchstauglich wie nötig zu bemessen. Dicke und Dichtheit der Betondeckung haben einen größeren Einfluss auf die Dauerhaftigkeit als die Risse, sofern die Rissbreite 0,4 mm nicht überschreitet.

Die statistische Aussagewahrscheinlichkeit der Rissbreitenberechnung wird durch die Vereinfachungen des Rechenmodells und durch die Streuungen der tatsächlichen Einwirkungen, der Materialeigenschaften (insbesondere Verbund und Betonzugfestigkeit) und der Ausführungsqualität bestimmt. Die Wahrscheinlichkeit der Einhaltung des Quantilwertes des Rechenmodells kann für Rissbreiten von 0,2 mm bis 0,3 mm ausreichend mit ca. 80 % bis 90 %, für Rissbreiten von 0,1 mm dagegen nur noch mit ca. 70 % abgeschätzt werden [5] (vgl. Abbildung 3).

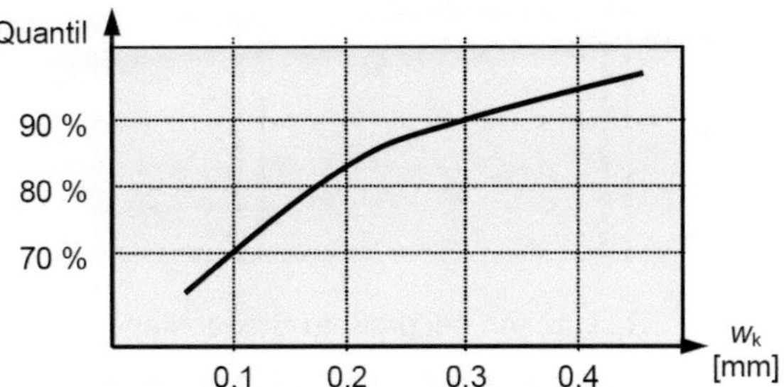


Abb. 3: Quantilwerte der Rissbreitenberechnung

Wichtig ist in diesem Zusammenhang der Unterschied zwischen den **Rechenwerten** $w_k$ und den manchmal in Verträgen geforderten **maximalen Rissbreiten** $w_{max}$. Absolute Grenzwerte streuender Größen als Vertragsziel sind technisch fragwürdig und risikoreich. Dies gilt auch für die Vereinbarung extrem kleiner Rissbreiten < 0,1 mm. Wegen des stark zunehmenden Zufallseinflusses ergeben sich dabei rechnerisch unsinnig hohe Bewehrungsmengen, ohne dass die Überschreitungswahrscheinlichkeit der Rissbreiten deutlich reduziert werden kann.

Die Rissbreite wird im Bereich nahe der im Verbund liegenden Bewehrung begrenzt, außerhalb dieses Bereichs, z. B. an der Bauteilaußenseite, können Risse mit größerer Breite auftreten (Abbildung 4). Das heißt auch, dass zwischen zwei Stäben mit zunehmendem Abstand die Wirksamkeit der Bewehrung geringer wird. Oberhalb eines Stababstandes von $s \approx 5\,(c + d_s\,/\,2)$ ist mit größeren lokalen Rissbreiten zu rechnen [4].

Im Wirkungsbereich der Bewehrung ist der Rechenwert als mittlerer Erwartungswert der Rissbreite über die Risslänge und -tiefe zu verstehen (Abbildungen 5 und 6).

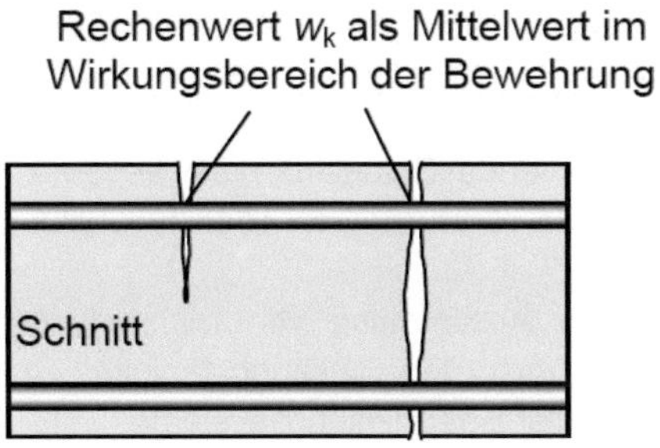

Rechenwert $w_k$ als Mittelwert im Wirkungsbereich der Bewehrung

Schnitt

Abb. 4: Lage des Rechenwerts $w_k$ im Querschnitt

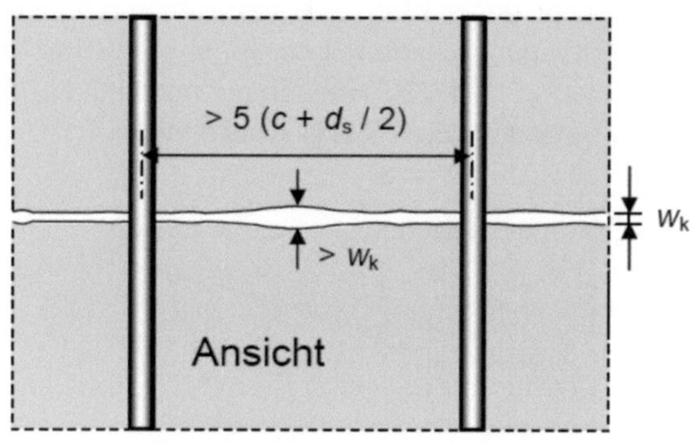


Abb. 5: Rissbreiten bei großem Stababstand

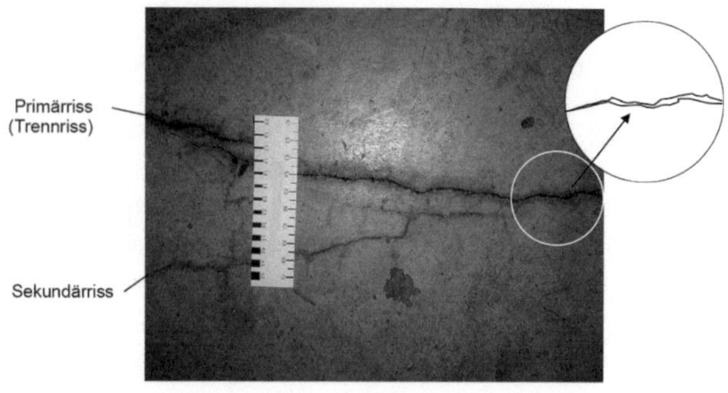


Abb. 6: Streuungen der Rissbreiten entlang von Rissufern

## 4 Typische risikobehaftete Fehlerquellen

### 4.1 Planung

Typische Fehler in der Planung sind:

- unzweckmäßige Wahl des Berechnungsmodells und unvollständige oder falsche Belastungsannahmen (insbesondere des Zwanges);
- Unklarheit über die zum Zeitpunkt der Rissbildung anzusetzende Betonzugfestigkeit;
- unsachgemäße Bewehrungskonstruktion;
- zu große Stababstände oder Stabdurchmesser;
- zu kurze Verankerungslängen (führen zu Längsrissen im Verankerungsbereich);
- ungünstige Querschnitte und Bauteilgeometrien (z. B. Querschnittssprünge), die zu unplanmäßigen Festhaltungen und Zwangsspannungen führen;
- unzureichende Betonierbarkeit wegen zu geringer Bauteilabmessungen oder zu engen Stababständen;
- fehlende Abstimmung von rechnerischer Rissbreite und der Leistungsfähigkeit rissüberbrückender Beschichtungssysteme.

### 4.2 Betontechnik

Typische Fehler in der Betontechnik sind:

- unzureichende betontechnische Maßnahmen zur Optimierung der Hydratationswärme;
- zu hohe Frischbetontemperatur;
- ungeeignete Betonzusammensetzung (z. B. Blutneigung, Überfestigkeiten).

### 4.3 Bauausführung

Typische Fehler in der Bauausführung sind:

- unzulässige Verformung von Schalung und Rüstung (zu frühes Ausschalen, Risse im jungen Beton);
- zu geringe Betondeckung (kann u. a. bei hohen Verbundspannungen eine Ursache für Längsrisse sein) oder zu große Betondeckung (reduziert den Wirkungsgrad der Bewehrung);
- unzureichende oder fehlende Nachbehandlung, die zu schnellem Austrocknen der Oberfläche oder zu kritischen Temperaturdifferenzen zwischen Bauteilkern und -oberfläche führt (z. B. infolge Ausschalens zu einem ungeeigneten Zeitpunkt oder plötzlicher Abkühlung bei Regen).

## 5 Praktische Messung und Auswertung von Rissbreiten

### 5.1 Durchführung und Auswertung

Die Messung von Rissbreiten ist üblicherweise nicht standardmäßig vorgesehen. Um in Streitfällen bei Mangeldiskussionen oder nach vertraglicher Vereinbarung eine Richtlinie zur Messung anzubieten, wurde ein entsprechender Anhang zur bisher ungeregelten Messung und Auswertung von Rissbreiten im DBV-Merkblatt „Begrenzung der Rissbildung im Stahlbeton- und Spannbetonbau“ [5] aufgenommen. Das formale Abarbeiten dieser Empfehlungen ersetzt aber keineswegs die Sachkunde des messenden und auswertenden Ingenieurs, der die tatsächliche Aussagekraft der Einzelwerte bzw. der messbaren Risse bezogen auf die Messflächen und das Ziel der Rissbreitenbegrenzung in jedem Einzelfall zu bewerten hat.

Übliche Messmittel zur Erfassung von Einzelwerten der Rissbreiten sind:

- der Linienstärkenmaßstab (Genauigkeit max. 0,05 mm bis 0,10 mm),
- die Risslupe (Genauigkeit 0,05 mm).

Die Anwendung des Linienstärkenmaßstabes und der Risslupe zum Messen von Rissbreiten setzt scharfe Risskanten ohne Ausbruchstellen auf der Bauteiloberfläche voraus (Abbildung 7).

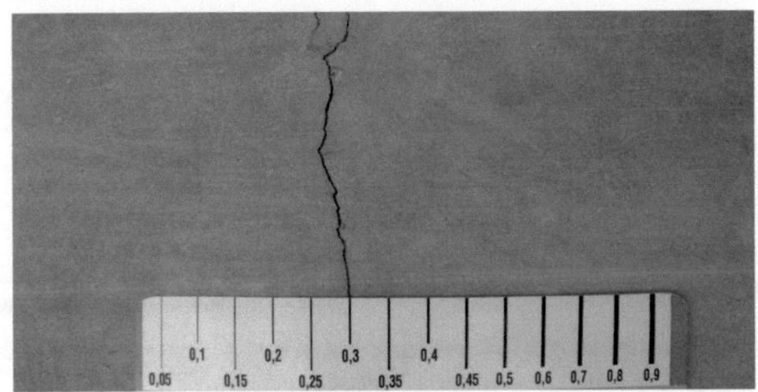


Abb. 7: Rissbreitenmessung mit Linienstärkenmaßstab

Als Rissbreite $w_{vorh}$ wird der senkrecht zum Rissverlauf gemessene Abstand der Rissufer auf der Bauteiloberfläche bezeichnet.

Die Rissbreite ist im Allgemeinen entlang des Risses nicht gleich groß und muss deshalb, besonders bei längeren Rissen, an mehreren Stellen (Messpunkten) erfasst werden. Der empfohlene Messabstand $a_{mess}$ sollte den mittleren Stababstand einer Mattenbewehrung bei flächenartigen Bauteilen bzw. den mittleren Bügelabstand bei stabförmigen Bauteilen nicht überschreiten. In der Regel sind für den Messabstand $a_{mess}$ = 100 mm bis 200 mm zu wählen. Die Rissufer müssen an den Messpunkten klar erkennbar, scharfkantig und ohne Ausbruchstellen sein, um verwertbare Messwerte zu erhalten. Ist der Riss im Bereich des Messrasters an einer Stelle unterbrochen oder sind die Rissufer in diesem Bereich ausgebrochen, muss dieser Messpunkt verworfen werden.

Je Bauteiloberfläche sind alle sichtbaren Risse bis zu einer Breite von 0,05 mm (untere Grenze) vollständig aufzunehmen. Das Bauwerk bzw. Bauteil ist in Messflächen einzuteilen, die bzgl. der Rissbreite gleich bemessen worden sind und identische Anforderungen an die Rissbreite haben. Als Messflächen sind i. d. R. die jeweiligen Ansichtsflächen der Bauteile zu unterscheiden. Jede Messfläche entspricht einer Grundgesamtheit.

Zu den notwendigen Angaben bei der Dokumentation der Rissbreitenmessung gehören immer die Angaben von

- Datum, Uhrzeit, Bearbeiter,
- Bauteilbezeichnung,
- Belastung,
- Witterungsbedingungen (Lufttemperatur, Luftfeuchtigkeit, Bedeckungsgrad, Sonneneinstrahlung),
- Bauteiltemperatur (i. d. R. an der Oberfläche),
- Messflächenbeschreibung (z. B. Oberflächenbeschaffenheit),
- Skizze zum Rissverlauf, Messpunkte, Rissart (z. B. Trennriss),
- Zielwert der Rissbreitenbegrenzung (z. B. nach Norm oder vertraglich vereinbart),
- Messmittel.

Die Auswertung kann mit einem Attributverfahren erfolgen. Demnach ist die Menge der Messwerte, die über dem zulässigen Wert der Rissbreite liegt, als **Überschreitungsmenge** zu bezeichnen. Wenn die Überschreitungsmenge einen definierten Wert übersteigt, ist das Bauteil mit seiner Messfläche abzulehnen, anderenfalls anzunehmen. Der für die Annahme definierte Wert der Überschreitungsmenge muss abhängig von den Risstypen vereinbart werden (Rissbreite, Maximal- oder Quantilwert).

Für Risse aus Last bzw. Zwang sind aus der Leistungsfähigkeit der Rissformel in den Bemessungsnormen folgende Überschreitungsmengen abschätzbar und damit bedingungsgemäß:

- $w_k$ = 0,4 mm $\leq$ max. 5 % Überschreitungsmenge
- $w_k$ = 0,3 mm $\leq$ max. 10 % Überschreitungsmenge
- $w_k$ = 0,2 mm $\leq$ max. 20 % Überschreitungsmenge

Die Ergebnisse der Auswertung sind zusätzlich mit **Ingenieurverstand** zu bewerten. Dabei sind die Rissbreiten und ihre Auswirkungen bezogen auf den Einzelriss bzw. auf eine Bauteilfläche zu berücksichtigen. Ebenso sind die Exposition der Risse und die möglichen Folgen durch Einwirkungen auf die Risse zu beachten.

Dazu gehört auch die Bewertung von maximalen Überschreitungen einzelner Messwerte. In Bezug auf die Dauerhaftigkeit sollte der Einzelwert bei Betonstahlbewehrung 0,5 mm nicht überschreiten.

### 5.2 Beispiel Rissbreitenmessung

Messung: Nr. 0123, TT.MM.JJJJ, 14:00 Uhr, Dipl.-Ing. Mustermann
Bauteil: Brüstungswand $h$ = 1,1 m (Abb. 8)
Belastung: Eigenlast, Temperatur
Messabstand in Rissrichtung: 100 mm
Rissart: Trennriss
Zielwert: $w_k$ = 0,3 mm nach DIN 1045-1 für XC4
Witterung: Luft 20°C, 6/8 bedeckt, Sonneneinstrahlung auf Wandsüdseite
Bauteiltemperatur: Oberfläche 24°C
Messfläche 1: Seitenfläche Wandnordseite, Achse A-B, 8,00 m Länge Oberfläche glatt, trocken, unverschmutzt
Messmittel: Linienstärkenmaßstab

Abb. 8: Beispiel - Brüstungswand

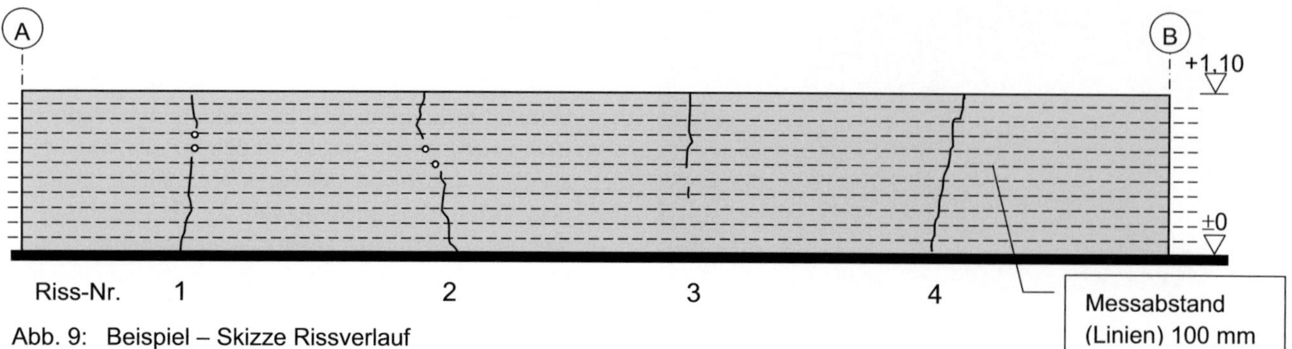


Abb. 9: Beispiel – Skizze Rissverlauf

Die Auswertung der Rissbreitenmessung (Tabellen 1 und 2) erlaubt die Annahme der Wand im Sinne von DIN 1045-1, da die Überschreitungsmenge mit zwei Messwerten von 0,35 mm über dem rechnerischen Zielwert von 0,30 mm das 10 %-Quantil einhält. Darüber hinaus ist sowohl die Überschreitung als Einzelwert mit +0,05 mm als auch die Verteilung und Lage am Bauteil für die Sicherstellung der geforderten Dauerhaftigkeit als unbedenklich anzusehen.

Tab. 1: Beispiel – Rissaufnahme nach Abb. 9

| Ordinate | Riss 1 [mm] | Riss 2 [mm] | Riss 3 [mm] | Riss 4 [mm] |
|---|---|---|---|---|
| *+1,00* | 0,10 | 0,20 | 0,05 | 0,10 |
| *+0,90* | 0,05 | 0,15 | 0,10 | 0,05 |
| *+0,80* | ⊠ | 0,20 | 0,15 | 0,05 |
| *+0,70* | ⊠ | ⊠ | 0,10 | 0,10 |
| *+0,60* | 0,20 | ⊠ | 0,15 | 0,15 |
| *+0,50* | 0,25 | 0,30 | rissfrei | 0,15 |
| *+0,40* | 0,20 | 0,35 | 0,15 | 0,15 |
| *+0,30* | 0,20 | 0,35 | rissfrei | 0,15 |
| *+0,20* | 0,25 | 0,30 | rissfrei | 0,15 |
| *+0,10* | 0,25 | 0,25 | rissfrei | 0,15 |
| | ⊠ *Rissufer ausgebrochen, Messwerte nicht aufnehmbar* | | | |

Tab. 2: Beispiel – Rissauswertung

| Rissbreite [mm] | Anzahl | Quantil |
|---|---|---|
| 0.05 | 4 | 93,8 % |
| 0.10 | 5 | |
| 0.15 | 10 | |
| 0.20 | 5 | |
| 0.25 | 4 | |
| Ziel: 0.30 | 2 | |
| 0,35 | 2 | 6,2 % < 10 % ☑ |
| Summe: | 32 | |

## 6 Literatur

[1] DAfStb-Richtlinie: Wasserundurchlässige Bauwerke aus Beton, Ausgabe 2003-11 und Berichtigung 1:2006-03. *www.dafstb.de.*

[2] Morgen, K.: Die fugenlose Weiße Wanne für das Jacob-Kaiser-Haus in Berlin. Beton- und Stahlbetonbau, 11/2003, S. 697 ff.

[3] DIN 1045-1:2008-08: Tragwerke aus Beton-, Stahlbeton und Spannbeton; Bemessung und Konstruktion.

[4] DIN EN 1992-1-12010: Eurocode 2 - Bemessung und Konstruktion von Stahlbeton- und Spannbetontragwerken. Teil 1-1: Allgemeine Bemessungsregeln und Regeln für den Hochbau mit DIN EN 1992-1-1/NA:2010: Nationaler Anhang.

[5] DBV-Merkblatt: Begrenzung der Rissbildung im Stahlbeton- und Spannbetonbau, Fassung Januar 2006.

# Rissfreie Architektur?

Diethelm Bosold

**Zusammenfassung**

Ob kühn geschwungene Betonkonstruktion oder nur eine repräsentative Sichtbetonwand: Risse in Betonbauteilen werden je nach Rissbreite manchmal als störend empfunden. Die Betonbautechnik hält aber verschiedene Techniken bereit, um Risse zu vermeiden oder deren Breite zu minimieren, z. B. durch Vorspannung, Begrenzung der Bauteilgeometrien oder eine entsprechende Bemessung und Anordnung der Bewehrung. Entsprechende Regelwerke liegen in den verschiedenen anderen Anwendungsbereichen teils schon lange vor, so dass hier lediglich analog entschieden werden muss. Diese Verfahren der Rissprävention verursachen Aufwand und Kosten und bedingen in manchen Fällen technische oder ästhetische Folgeeffekte, die in der Planungsphase technische und gestalterische Abstimmung und Berücksichtigung erfordern.

## 1 Risse in Wänden

Stahlbetonwände können vereinzelt oder manchmal auch in einer gewissen Regelmäßigkeit senkrechte Risse zeigen. Bei Sichtbetonwänden hängt die gestalterische Akzeptanz dieser Risse vor allem von den Rissbreiten und vom Betrachtungsabstand ab.

Abb. 1: Repräsentative Sichtbetonfläche mit unauffälligen Rissen (Foto: D. Bosold)

Während bei Sichtbetonwänden meist vor allem ästhetische Belange diskutiert werden, betreffen solche Risse bei wasserundurchlässigen Betonkonstruktionen die Gebrauchstauglichkeit – nämlich die Wasserundurchlässigkeit des Bauteils. Daher sind in der Richtlinie des Deutschen Ausschusses für Stahlbeton „Wasserundurchlässige Bauwerke aus Beton“ [1] und deren Erläuterungen [2] Techniken vorgegeben, um diese Risse zu minimieren. Es gibt also vertiefte Erkenntnisse zur Vermeidung und Steuerung von Rissen in Betonbauteilen aus anderen Bereichen des Bauens. Dann macht es absolut Sinn, diese Erkenntnisse auch auf die Sichtbetonbauweise anzuwenden.

Bei der Erstellung von wasserundurchlässigen Bauwerken aus Beton wird in diesem Fall zwischen der rissvermeidenden Bauweise und der Bemessung mit tolerierbaren Rissbreiten unterschieden.

### 1.1 Rissvermeidende Bauweise

In [1] und [2] wird die Vermeidung von Rissen in konstruktive, betontechnische und ausführungstechnische Maßnahmen unterschieden, ohne dass genauer darauf eingegangen wird. Es wird lediglich auf die vorhandene umfangreiche Literatur verwiesen.

In der Praxis wird die Länge von Wänden auf Werte von etwa 6 m bis 8 m begrenzt. Die Werte ergeben sich in Abhängigkeit von der Wandstärke und der Wandhöhe. Der Vermeidung von Rissen steht hier aber aus ästhetischer Sicht die unvermeidliche Wirkung von Arbeits- bzw. auch Bewegungsfugen gegenüber. Gerade bei der Ortbetonbauweise werden Fugen aus ästhetischer Sicht häufig als störend empfunden.

Die betontechnischen Maßnahmen zielen auf Schwindarmut, geringere Hydratationswärmeentwicklung (in Abhängigkeit von der Jahreszeit) und niedrige Kapillarporosität ab. Das bedeutet eine geringe Zementleimmenge in Verbindung mit „langsamen“ Zementen (je nach Jahreszeit) um möglichst moderate Temperaturgradienten im Bauteil in der frühen Erhärtungsphase des Betons zu erreichen und ein Wasserzementwert im Bereich von 0,50 bis 0,55,. Diese betontechnischen Parameter sind seit Jahrzehnten in den gängigen WU-Rezepturen der Betonanbieter enthalten und können mit Einschränkungen auch auf Sichtbeton angewendet werden. Bei Sichtbeton ist allerdings ein höherer Feinkornanteil erforderlich als bei WU-Betonen, um eine geschlossene Oberfläche zu erreichen. Zusätzlich geschieht die Auswahl des eingesetzten Zements nicht nur aus technischen Gründen, sondern auch um eine gewünschte Farbwirkung zu unterstützen.

### 1.2 Festlegung von Rissbreiten

Die Bemessung der Rissbreite erfolgt aufgrund normativ vorgegebener Grenzwerte. Gegenüber den Anforderungen der Tragfähigkeit sichern die normativen Beschränkungen der Rissbreite bei WU-Bauteilen üblicherweise die Gebrauchstauglichkeit eines Betonbauteils. Gegenüber den statischen Anforderungen der Tragfähigkeit ergeben sich aus dem Gebrauchstauglichkeitsnachweis üblicherweise deutlich höhere Bewehrungsgrade und eine Aufteilung der Gesamtbewehrung in eine hohe Anzahl von Einzelstäben mit geringem Durchmesser und Stababstand.

Diese Bemessungsmethode erfordert gegenüber der rein statischen Bemessung also zusätzliche Bewehrung – damit erhöhen sich Aufwand und Kosten.

Zum anderen erhöht sich bei einem größeren Bewehrungsanteil aber auch die Gefahr sehr dicht bewehrter Bauteilbereiche. Dort kann der Beton nur erschwert eingebaut werden, was je nach Bauteilgeometrie zu charakteristischen Fehlstellen führen kann. Im aktuellen Gestaltungstrend möglichst schlanker Gebäudestrukturen ist dies zu beachten. Es sollte also bereits bei der Planung im Kreise aller Beteiligten diskutiert werden, welche Kosten und baubetrieblichen Risiken einer scharfen Beschränkung der Rissbreite gegenüber stehen.

### 1.3 Sichtbarkeit von Rissen bei bearbeiteten Betonoberflächen

Betonoberflächen können zur Erzielung einer besonderen Sichtbetonoptik auf vielfältige Weise bearbeitet werde. Sie können Gewaschen, Gestrahlt, Gesäuert, Geschliffen oder mit steinmetzmäßigen Techniken bearbeitet werden.

Allerdings besteht bei einzelnen Bearbeitungstechniken die Gefahr, dass Risse aufgeweitet werden. Besonders beim Strahlen werden die Rissflanken verstärkt abgetragen und der Riss erscheint nach dem Bearbeiten deutlich breiter als vorher.

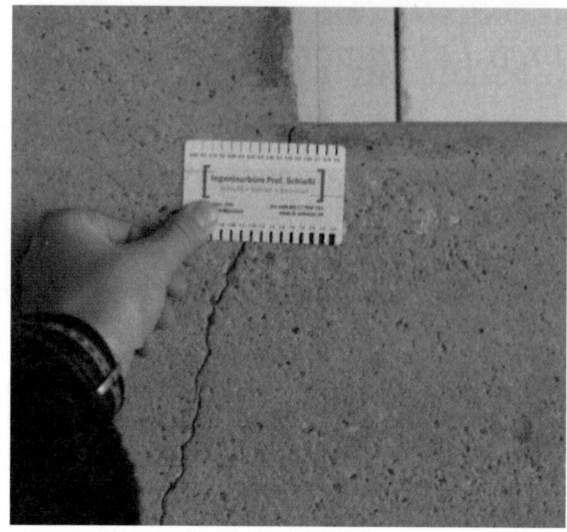

Abb. 2: Riss in einer gestrahlten Sichtbetonfläche (Foto: Dr. Christian Sodeikat) aus [8]

Beim Säuern besteht die Gefahr, dass die planmäßig aufgetragene Säure die oberste Zementsteinschicht auch in den Rissflanken abträgt und so zu einer stärkeren Wahrnehmung des Risses führt.

Auch bei den steinmetzmäßigen Bearbeitungstechniken werden die Rissflanken stark beansprucht und brechen teilweise ab.

## 2 Biegerisse

Biegerisse sind ein notwendiger Bestandteil der Stahlbetonbauweise. Der eingelegte Bewehrungsstahl übernimmt die Zugkräfte, die auf das Bauteil einwirken. Bei der Aktivierung dieser Zugbeanspruchung und der entsprechenden elastischen Verformung der zugebeanspruchten Bewehrungsstähle wird der sprödelastische Beton in der Zugzone üblicherweise reißen. Auch hier geben die Regelwerke Möglichkeiten vor, Risse zu vermeiden oder deren Breite zumindest zu minimieren. Je nach Umgebungsbedingungen – ausgedrückt durch die Expositionsklassen – werden in der DIN 1045 Teil 1 [3] Rechenwerte zur Beschränkung der Rissbreite vorgegeben. Ist der Angriff auf die Bewehrung durch die Umgebungsbedingungen so stark, dass alle Risse geschlossen bzw. geschützt sein müssen, gibt ebenfalls [1] die Vorgehensweise vor. Bei Parkdecks z. B. soll das Eindringen von tausalzhaltigem Wasser in die im Bereich der Stützmomente möglichen, oben liegenden Biegerisse verhindert werden. Als konstruktive Maßnahmen werden in den Erläuterungen zur DIN 1045 Teil 1 [4] Vorspannung und die Ausführung von Einfeldsystemen genannt. Für die Vermeidung unten liegender Biegerisse in Feldmitte kommt i. A. nur die Vorspannung in Frage.

### 2.1 Vorspannung

Durch den Einsatz von Spannbeton werden über den gesamten Einflussbereich der Vorspannung Zugspannungen im Beton und damit die zugehörigen Risse vermieden. Durch das „Zusammendrücken" des Betons wird eine Durchbiegung infolge Eigen- und Verkehrslasten verhindert – die Zugzone eines mit Biegemomenten beanspruchten Bauteils wird „überdrückt" Der planerische und finanzielle Mehraufwand ist schwer abzuschätzen und muss am konkreten Projekt ermittelt werden.

## 3 Frühschwindrisse in waagerechten Flächen

Bei waagerechten Betonflächen wie Sohle oder Decke können an der Oberseite Risse ohne ausgeprägte Richtung auftreten. Ursache ist fast immer eine Austrocknung der Betonoberfläche infolge zu geringer relativer Luftfeuchtigkeiten durch Wind, Sonneneinstrahlung und/oder hohe Temperaturen. Solche Risse können fast immer durch eine frühzeitige Nachbehandlung vermieden werden. An der Unterseite treten diese Risse für gewöhnlich nicht auf, da die Schalung das Austrocknen an dieser Stelle verhindert.

## 4 Sonstige Risse

Risse können auch bei einspringenden Ecken und Querschnittsschwächungen entstehen.

### 4.1 Einspringende Ecken

Abb. 3: Eckrisse bei einer Schachtabdeckung (Foto: D. Bosold)

Einspringende Ecken entstehen in Wänden bei Aussparungen wie z. B. Fenstern oder im Bodenbereich bei L-förmigem Grundriss. Risse an diesen Stellen können durch das Einlegen von Zusatzbewehrung quer zu den erwarteten Rissen vermieden werden.

Abb. 4: Zusatzbewehrung in einer einspringenden Ecke (Foto: D. Bosold)

Abb. 5: Kellerfenster mit Zusatzbewehrung in allen vier Ecken (Foto: Permaton)

### 4.2 Querschnittsschwächungen

Eine häufige Querschnittsschwächung ist der Türdurchgang bei den meisten Estricharten. Hier wird der Querschnitt des Estrichkörpers – also die Raumbreite – am Türdurchgang geschwächt.

Querschnittsschwächungen können manchmal durch Bewehrung ausgeglichen werden. Alternativ kann an solchen Stellen auch eine Fuge eingeführt werden.

## 5 Bewertung von Rissen

Im Merkblatt Sichtbeton [6] sind diverse Einzelkriterien zur Beurteilung eines Sichtbetons aufgeführt wie z. B. Farbtongleichmäßigkeit, Porigkeit oder Ebenheit. Dabei ist der Gesamteindruck des Bauwerks stärker zu bewerten als die Einzelkriterien. Stimmt der Gesamteindruck, sind die Einzelkriterien auch bei Nichteinhaltung nicht von Belang.

Risse sind im Merkblatt Sichtbeton nicht als Einzelkriterium aufgeführt. Die Praxis zeigt, dass Risse nur sehr selten die maßgebenden Kritikpunkte bei der Abnahme eines Sichtbetonbauwerks sind. Wie bei allen Kriterien gilt, dass ein angemessener Betrachtungsabstand eingehalten werden soll. Also der übliche Abstand eines Nutzers dieses Raumes.

Bei der Rohbauabnahme ist zu bedenken, dass sich alle Beteiligten nur auf den Beton konzentrieren, da die anderen Gestaltungselemente wie Einbauten oder Möbel natürlich noch nicht vorhanden sind. In [7] ist deswegen vermerkt: „Tatsächlich zeigt die Erfahrung, dass Sichtbetonflächen, die bei der Erstbemusterung als abweichend oder mangelbehaftet bewertet wurden, nach der Fertigstellung des Innenausbaus oder des äußeren Umfelds als sehr gelungen bezeichnet wurden. Im Materialmix mit den Oberflächen der Innenausstattung oder im strukturellen Kontext mit dem fertigen Gebäude wirken „lebendigere“ Sichtbetonflächen letztlich meist wesentlich attraktiver als makellose.“ Dies gilt natürlich auch für aufgetretene Risse.

## 6 Instandsetzung von Rissen in Sichtbeton

Erfüllt ein Bauteil die Vorgaben der DIN 1045-1 hinsichtlich Rissbreite, ist eine Instandsetzung nach Richtlinie [5] aus technischer Sicht nicht notwendig. Ist die Rissbreite nach DIN 1045-1 in Ordnung, überschreitet aber die Vorgaben aus ästhetischer Sicht, kann eine Mängelbeseitigung aus vertragsrechtlicher Sicht nötig sein. Das Merkblatt Sichtbeton [6] gibt allerdings den Tenor solch einer Mängelbeseitigung wider: „Mängelbeseitigungen ... bleiben in der Regel auch bei Ausführung mit größtem handwerklichen Geschick als solche erkennbar. Aus diesem Grunde ist im Einzelfall zu prüfen, ob der Aufwand gerechtfertigt ist.“

Auffällige Risse in Sichtbetonflächen brauchen nicht aus technischen Gründen geschlossen werden. Die üblichen Techniken wie Hochdruck oder Niederdruck-Injektion kommen nicht zur Anwendung. Um den Eindruck eines besonders breiten Risses zu mindern sollte wie bei einer Instandsetzung auch zunächst die Ursache geklärt werden. Weiterhin ist zu überlegen, ob der Riss noch breiter wird. Handelt es sich um einen Riss infolge dynamischer Beanspruchung wird sich der Riss auch nach dem Schließen wieder öffnen. Ist man sich sicher, dass der Riss sich nicht merklich vergrößern wird, kann der Riss durch Verspachteln geschlossen werden. Dabei wird eine befriedigende Lösung nur dann erfolgen, wenn die Farbe des umgebenden Betons auch getroffen wird. Außerdem muss ein „Verschmieren“ des Spachtelmaterials neben dem Riss unbedingt verhindert werden. Das Üben der Vorgehensweise an nicht sichtbaren Stellen ist unbedingt notwendig.

Gemäß Merkblatt Sichtbeton [6] ist zu prüfen, ob mit fertigen Spachtelmassen gearbeitet wird oder das Spachtelmaterial aus den Ausgangsstoffen des Betons hergestellt wird. In diesem Fall dominieren die feinen Bestandteile den Farbton des Betons, also Zement und Sand. Es sollte also versucht werden diese beiden Ausgangsstoffe beim liefernden Betonwerk zu bekommen. Alternativ kann eine Spachtelmasse mit Farbpigmenten farblich eingestellt werden.

## 7 Literaturhinweise

[1] Richtlinie des Deutschen Ausschusses für Stahlbeton „Wasserundurchlässige Bauwerke aus Beton“, (11-2003)

[2] Erläuterungen zur Richtlinie des Deutschen Ausschusses für Stahlbeton „Wasserundurchlässige Bauwerke aus Beton“, erschienen als Heft 555 des DAfStb, (2006)

[3] DIN 1045-1 Tragwerke aus Beton, Stahlbeton und Spannbeton Teil 1: Bemessung und Konstruktion, (8-2008)

[4] Erläuterungen zur DIN 1045-1, erschienen als Heft 525 des Deutschen Ausschusses für Stahlbeton (9-2003)

[5] Richtlinie des Deutschen Ausschusses für Stahlbeton „Schutz und Instandsetzung von Betonbauteilen“, (10-2001)

[6] Merkblatt Sichtbeton, Deutscher Beton- und Bautechnikverein E. V. und Bundesverband der Deutschen Zementindustrie e. V., (8-2004)

[7] Technik des Sichtbetons – Praktische Hinweise zur Planung und Ausführung glatter Sichtbetonflächen, Peck, Bosold, Bose, Verlag Bau + Technik, Düsseldorf (2007)

[8] Sodeikat, Christian; (2007) Praxisgerechte Planung von Sichtbetonbauwerken, Beton- und Stahlbetonbau Heft 9, Seiten 637 - 646

# Instandsetzung von Rissen

Claus Flohrer

**Zusammenfassung**

Risse im Stahlbetonbauteilen sind i. A. Bestandteil der Bemessung und somit grundsätzlich zu erwarten. Sind aus Gründen der Standsicherheit, Dauerhaftigkeit, Gebrauchstauglichkeit oder der Optik offene Risse nicht zulässig oder die Rissbreiten zu groß, müssen Maßnahmen zur Instandsetzung von Rissen ergriffen werden. Für die Instandsetzung von Rissen stehen Maßnahmen entsprechend der DAfStb-Richtlinie "Schutz und Instandsetzung von Betonbauteilen" [1] zur Verfügung, die bewährt sind und mit geeigneten, zulässigen und geprüften Werkstoffen durchgeführt werden. Bei Rissen, die nicht die Dauerhaftigkeit eines Bauteils beeinflussen, können auch alternative Maßnahmen zum Schließen, Abdichten oder zur optischen Behandlung ergriffen werden.

## 1 Allgemeines

Risse in Stahlbetonbauteilen sind i. A. Bestandteil der Bemessung und sind somit bei Vorliegen der rechnerisch zugrunde gelegten Randbedingungen grundsätzlich zu erwarten. Sind trotz Vorliegen von Rissen die Standsicherheit, Dauerhaftigkeit, Gebrauchstauglichkeit oder die Optik nicht beeinträchtigt, müssen keine Maßnahmen ergriffen werden, wenn die rechnerisch zugrunde gelegten Rissweiten eingehalten sind.

Neben den genannten Eigenschaften müssen bei der Bewertung von erforderlichen Maßnahmen insbesondere auch vertragliche Vereinbarungen hinterfragt werden.

In der Praxis bringt das Auftreten von Rissen in Stahlbetonbauteilen häufig Diskussionen zwischen den Beteiligten, weil Risse meistens nach oberflächiger Bewertung als Mangel eingestuft und sofortige Maßnahmen zur Behandlung der Risse gefordert werden.

Werden frühzeitig, vor Abschluss der wesentlichen Verformungen, Maßnahmen zur Behandlung von Rissen durchgeführt, treten häufig zu einem späteren Zeitpunkt weitere Risse auf oder bereits behandelte Risse öffnen sich wieder.

## 2 Beurteilung von Rissen

Vor der Durchführung von Maßnahmen an Rissen sind diese zunächst zu bewerten. Zur Bewertung von Rissen sind diese möglichst vollständig aufzunehmen und zu dokumentieren (kartografieren). Der Mechanismus und der Zeitpunkt der Entstehung der Risse müssen erkannt und nachvollzogen werden können. Durch Aufnahme der Rissparameter (Länge, Breite, Tiefe, Rissweitenänderung) werden die Voraussetzungen zur Planung von möglicherweise erforderlichen Instandsetzungsmaßnahmen geschaffen. Sinnvolle Hinweise für die Bewertung von Rissen enthält beispielsweise [2].

### 2.1 Grundlagen

Die Festlegung von Rissbreiten bei der Bemessung der Stahlbetonbauteile hat grundsätzlich zum Ziel, die Rissbreite entsprechend der vorliegenden Exposition so zu begrenzen, dass die Standsicherheit und die Dauerhaftigkeit auch im gerissenen Zustand ohne zusätzliche Maßnahmen am Riss sichergestellt ist. Zur Sicherstellung der Gebrauchstauglichkeit können ergänzende Maßnahmen erforderlich werden.

### 2.2 Risse mit zwingend erforderlichen Maßnahmen

Ausnahmen stellen direkt befahrene horizontale Flächen dar (Beispiel Tiefgaragen, Parkhäuser), bei denen mit Chloridangriff zu rechnen ist [3]. Risse in derartigen Flächen müssen zur Sicherstellung der Dauerhaftigkeit und der Standsicherheit frühzeitig und dauerhaft über die gesamte Lebensdauer des Bauteils so verschlossen sein, so dass keine Chloride eindringen können [4]. Die Rissbreite und die Risstiefe beeinflussen die Erfordernis nach dauerhaft abdichtenden Maßnahmen nicht. Bei diesen Bauteilen ist im Falle der Rissbildung also grundsätzlich von ergänzenden Maßnahmen an Rissen auszugehen.

Auch außergewöhnliche Einwirkungen – wie z. B. Erdbeben und Stoßbeanspruchungen, die durch Fahrzeuganprall oder durch Druck- und Stoßwellen infolge von Detonationen verursacht werden – können zu lokalen Schädigungen in Stahlbetonbauteilen, führen, die Maßnahmen an Rissen erforderlich machen. Aufgrund der in einem derartigen Falle nicht wiederkehrenden Rissursache liegt eine Wiederherstellung des monolithischen Bauteilgefüges durch kraftschlüssiges Verbinden der Rissufer mittels Injektion als mögliche Instandsetzungsmaßnahme nahe [5].

Neben Maßnahmen bei Rissen zur Sicherstellung der Dauerhaftigkeit können auch Maßnahmen an Rissen zur Sicherstellung der Gebrauchstauglichkeit erforderlich werden. Dies können beispielsweise Bauteile sein, deren Rissbildung unplanmäßig entstanden ist. In wasserundurchlässigen Betonbauteilen, die entsprechend der WU-Richtlinie [6] z. B. nach dem Entwurfsgrundsatz "Risse vermeiden" bzw. "Rissbreiten begrenzen" geplant wurden, können dennoch unplanmäßig Risse entstehen, die dann zur Sicherstellung der Wasserundurchlässigkeit zwingend ergänzende Maßnahmen erfordern. Bei Bauteilen entsprechend dem Entwurfsgrundsatz "Risse vermeiden" muss davon ausgegangen werden, dass alle entstehenden Risse nachträglich abgedichtet werden müssen. Bei Bauteilen, die entsprechend dem Entwurfsgrundsatz "Rissbreiten begrenzen" bemessen wurden, ist davon auszugehen, dass bei allen Risse mit Rissbreiten über der rechnerischen Rissweite keine Selbstheilung eintreten wird, so dass auch diese Risse abgedichtet werden müssen.

### 2.3 Risse mit planmäßig vorzusehenden Maßnahmen

Wasserundurchlässige Betonbauwerke können entsprechend unterschiedlicher Entwurfsgrundsätze geplant werden. Wird der Entwurfsgrundsatz "Rissbreiten begrenzen" gewählt, wird dies mit dem Ziel getan, dass eine Selbstheilung der Risse erfolgt. Maßnahmen zur nachträglichen Abdichtung werden dann grundsätzlich nicht erforderlich. Voraussetzung ist jedoch, dass die Randbedingungen, unter denen eine Selbstheilung stattfinden kann, am Bauwerk auch wirklich vorhanden sind. Wird der Entwurfsgrundsatz "Risse zulassen und nachträglich abdichten" vom Tragwerksplaner gewählt, ist davon auszugehen, dass die Risse eine Rissbreite annehmen, die keine Selbstheilung erwarten lässt. Zur Sicherstellung der Gebrauchstauglichkeit (Wasserundurchlässigkeit) ist dann ein nachträgliches Abdichten der Risse zwingend erforderlich.

Auch für die beiden Entwurfsgrundsätze "Risse vermeiden" und "Rissbreiten begrenzen" kann zur Sicherstellung der Gebrauchstauglichkeit eine Maßnahme zur Abdichtung von unplanmäßigen oder größeren als geplanten Rissen erforderlich werden.

Die Maßnahmen zum nachträglichen Abdichten von Rissen, Fugen und Einbauteilen sind planmäßig mit dem festgelegten Entwurfsgrundsatz zu beschreiben.

Zur Durchführung von Dichtmaßnahmen ist die Zugänglichkeit der Bauteiloberfläche erforderlich, die bei fehlender Planung in vielen Fällen erst aufwendig hergestellt werden muss. Kann die Zugänglichkeit während der Nutzung nicht herzustellen werden, ist die Festlegung eines geeigneten Entwurfskonzepts erforderlich, das eine nachträglich Abdichtung von Rissen oder Fugen nicht erforderlich macht.

Da bei allen Entwurfsgrundsätzen das Entstehen von Trennrissen, die zumindest temporär wasserführend sind, nicht ausgeschlossen werden kann, sind für derartige Bauteile (die später nicht mehr zugänglich sind) Maßnahmen bei der Ausbau-Planung umzusetzen, die ein Abdichten derartiger Risse nicht erforderlich macht [7].

## 3 Instandsetzungsmaßnahmen an Rissen

### 3.1 Ziele von Maßnahmen an Rissen

In [1] sind Regelungen enthalten, die das Füllen von Rissen mit unterschiedlichen Rissfüllstoffen für verschiedene Zielsetzungen beschreiben. Folgende Ziele können das Behandeln von Rissen erforderlich machen:

- Schließen von Rissen zum Verhindern oder Hemmen des Eindringens von korrosionsfördernden Stoffen
- Abdichten von Rissen zur Beseitigung von Undichtigkeiten
- Dehnfähiges Verbinden zur Herstellung einer begrenzt dehnfähigen, dichtenden Verbindung der Rissflanken
- Kraftschlüssiges Verbinden zur Herstellung einer druck- und zugfesten Verbindung der Rissflanken

Neben Maßnahmen zum Füllen, Abdichten oder begrenzt dehnfähigen Verbinden von Rissen können diese auch durch eine Überarbeitung der Fläche mit einem Oberflächenschutzsystem instandgesetzt werden.

### 3.2 Füllstoffe für Maßnahmen an Rissen

Entsprechend [1] sind zur Erreichung der genannten Ziele grundsätzlich folgende Rissfüllstoffe zugelassen:

- Epoxidharze als starre kunstharzgebundene Füllstoffe zum Schließen von Rissen und zum kraftschlüssigen Verbinden der Rissufer. Epoxidharze können auch zum Abdichten von Rissen eingesetzt werden, wenn die Risse zum Zeitpunkt der Rissbehandlung trocken sind und später auftretende Verformungen nicht zum Öffnen der Risse führen.
- Polyurethanharze als verformbare kunstharzgebundene Rissfüllstoffe zur Abdichtung von Rissen und zur begrenzt dehnfähigen Verbindung der

Rissufer von Rissen. Polyurethane werden auch für schnell aufschäumende Rissfüllstoffe zur temporären Abdichtung oder zur Reduzierung der Durchflussmengen durch den Riss eingesetzt.

- Zementleime und Zementsuspension als starre mineralische Rissfüllstoffe zum Füllen von Rissen und Hohlräumen. Zementgebundene Rissfüllstoffe können auch zur Abdichtung von Rissen verwendet werden, wenn die Risse ausreichend sicher den erforderlichen Füllgrad aufweisen und keine weitere Bewegung an den Rissen stattfindet. Tritt bei wasserbeanspruchten Rissen eine nachträgliche Bewegung auf, kann der Riss wieder wasserführend werden. Durch die entstandene Reduzierung der Rissweite kann in einem Riss damit erreicht werden, dass die Bedingungen für die Selbstheilung der Risse geschaffen werden.

### 3.3 Anwendungsbereiche zum Schließen, Abdichten und begrenzt dehnfähigen Verbinden von Rissen

In [1] sind tabellarisch Anwendungsbereiche zum Erreichen der oben beschriebenen Ziele mit den genannten Füllstoffen sowie Anwendungdbedingungen für die genannten Rissfüllstoffe in Abhängigkeit des Anwendungsbereichs zusammengestellt.

#### 3.3.1 Schließen von Rissen durch Tränkung

Zum Schließen von Rissen durch Tränkung dürfen Epoxidharze und Zementsuspensionen eingesetzt werden. Risse mit kleinen Rissweiten sollten grundsätzlich mit EP-Harzen getränkt werden. Tränken wird üblicherweise nur als Maßnahme zum Schließen der Risse in oberflächennahen Bereich eingestuft. Das Tränken von Rissen kann jedoch durchaus Risse bis in große Tiefen füllen, wenn geeignete Rissfüllstoffe eingesetzt werden und zur Tränkung immer ein ausreichender Harzvorrat zur Verfügung steht. Überlicherweise werden dazu die Risse in der Oberfläche aufgeweitet (z. B. ca. 1 cm tief eingeschnitten). Wichtig ist, möglichst den Staub beim Einschneiden der Risse sofort abzusaugen, damit der Riss nicht mit Zementstaub verschlossen wird. Als Füllstoffe sind dann möglichst niedrigviskose EP-Harze einzusetzen, die eine möglichst lange Topfzeit aufweisen. Durch das Harzreservoir im zuvor geschnittenen Schlitz steht ausreichend Harz zur Verfügung, damit die Kapillaraktivität des Risses zur kontinuierlichen Harzaufnahme genutzt werden kann. Der Vorteil einer möglichst tief einwirkenden Tränkung eines Risses ist, dass im Riss auch bei temperaturbedingten Längenänderungen des oberflächennahen Betons Zugspannungen aufgenommen werden können und damit geschlossen bleiben. Häufig reißen nur oberflächennah getränkte Risse bei geringen Temperaturänderungen wieder auf, weil die Fläche zur Kraftübertragung zu gering ist.

#### 3.3.2 Schließen und Abdichten von Rissen durch Injektion

Zum Schließen und Abdichten von Rissen dürfen alle genannten Füllstoffe eingesetzt werden. Aus Tabelle 1 ist die jeweilige Eignung der Füllstoffe für die im Riss vorliegenden Randbedingungen zu entnehmen.

Injektionen von Rissen können im Hochdruckverfahren (> 60 bar), durch Druckinjektion oder im Niederdruckverfahren (< 10 bar) erfolgen. Rissinjektionen an Industrieböden, bei Bauteilen mit vielen kleinen Rissen und bei dünnen Bauteilen werden heute häufig im Niederdruckverfahren mit Federdruckinjektoren ausgeführt. Vorteil der Methode ist, dass über den anfänglichen Federdruck der Harztransport in den Riss gestartet wird und der weitere Harztransport dann unter Ausnutzung des Kapillarsogs des Risses erfolgen kann. Damit werden hohe Füllgrade und große Risstiefen mit dem Harz erreicht.

Abdichtende Injektionen werden insbesondere bei Ergänzungsmaßnahmen zur Herstellung der Gebrauchstauglichkeit von wasserundurchlässigen Bauwerken eingesetzt. Ursache für die Wasserundurchlässigkeit sind dann Trennrisse. Ursache für die entstehenden Trennrisse sind Zwangsspannungen aus temperatur- oder feuchtebedingten Längenänderungen im jungen Alter des Betons oder durch spätere Einwirkung. Charkterisierend für derartige Risse sind meist temperaturbedingte Rissweitenänderungen. Rissweitenänderungen an wasserundurchlässigen, erdberührten Bauteilen finden insbesondere an der luftzugewandten Seite des Bauteils durch nutzungsbedingte Temperatureinwirkungen statt. Beispielsweise sind derartige Rissweitenänderungen planmäßig in luftdurchströmten Tiefgaragen zu erwarten, bei denen im Jahresverlauf Temperaturdifferenzen von bis zu 25 °C auftreten können.

Die Injektion derartiger Risse muss so erfolgen, dass der Rissbereich, der den geringsten Temperaturänderungen unterliegt, sicher abgedichtet ist.

Dazu muss das Injektionsmaterial möglichst in dem Bereich des Wandquerschnitts wirken, der temperaturstabil ist. Eine planmäßige Injektion der Risse erfolgt derart, dass die Risse alternierend von beiden Seiten des Risses, unter 45 ° gegenüber der Wandoberfläche geneigt, angebohrt werden, dass der Riss in Wandmitte gekreuzt wird.

Die praktische Umsetzung am Bauteil ist schwierig, da zunächst die Ebene der oberen Bewehrung mit der Schrägbohrung durchbohrt werden muss. Bei Bodenplatten ist häufig die obere Bewehrung wegen der Bemessung entsprechend des Entwurfsgrundsatzes „Risse verteilen“ massiv und mit engem Abstand verlegt, so dass eine nachträgliche Injektion bis in Bauteilmitte einen erheblichen Aufwand beim Einbringen der Injektionsbohrungen bedeutet.

In der Praxis wird deshalb oft nur der oberflächennahe Bereich des Risses verpresst, in dem später erneut temperaturbedingte Längenänderungen zum Öffnen der Risse und damit zur erneuten Wasserführung führen (Abbildung 1). Erfolg versprechend ist die Injektion nur dann, wenn der Riss im Bereich der temperaturstabilen Zone nahe des außen anstehenden Erdreichs verpresst wird.

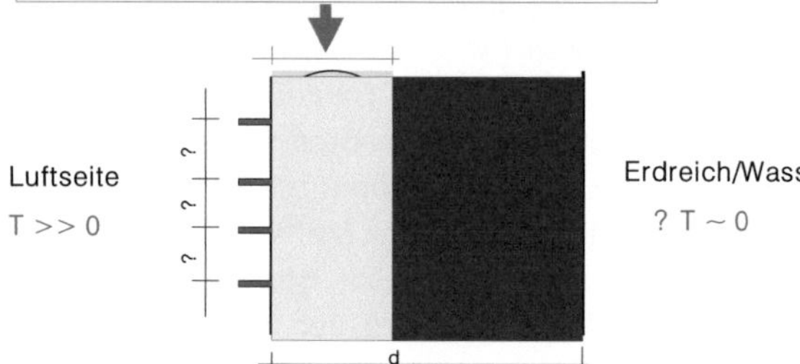


Abb. 1: Injektion des Risses im oberflächennahen, luftberührten Bereich führt bei Temperaturänderung zum erneuten Öffnen des Risses.

Acrylatgele bieten gegenüber Polyurethanen zwar bezüglich ihrer Viskosität und der Möglichkeit der Einstellung der Reaktivität Vorteile, werden jedoch wegen der möglichen Korrosionsgefährdung für die Bewehrung derzeit als risikobehaftet eingestuft. Es werden deshalb keine allgemeinen bauaufsichtlichen Prüfzeugnisse für diese Stoffe erteilt, bis die Frage der Korrosionsgefährdung eindeutig geklärt ist. Dies gilt auch für den Einsatz beim Verpressen von Injektionsschläuchen.

Das Füllen oder Abdichten von Rissen mit Stoffen, die nicht in der RILI SIB geregelt sind, ist derzeit nicht erlaubt.

#### 3.3.3 Dehnfähiges Verbinden von Rissen

Zur dehnfähigen Verbindung von Rissen dürfen nur geeignete zweikomponentige Polyurethane eingesetzt werden. Die Dehnfähigkeit dieses Materials ist temperatur- und rissbreitenabhängig begrenzt. Die dauerhafte dehnfähige Verbindung ist deshalb nur dann sichergestellt, wenn die Rissbreite und die Dehnfähigkeit des Harzes von max. 10 % auf die zu erwartenden Rissweitenänderungen abgestimmt sind.

### 3.4 Oberflächenschutzsysteme

Durch den Einsatz von Oberflächenschutzsystemen können Risse so dauerhaft verschlossen werden, dass die Anforderungen an den Stahlbeton auch im Rissbereich erfüllt werden können. Oberflächenschutzmaßnahmen können dabei sowohl optische Anforderungen an das Gesamtbauteil wie auch Schutzmaßnahmen gegen das Eindringen von Schadstoffen in den Riss erfüllen. Sind Risse nach Auftrag des Oberflächenschutzes nicht mehr in Bewegung oder die Rissufer werden im Zuge des Auftrags des Oberflächenschutzsystems so verbunden, dass keine Rissbewegungen stattfinden, kann das Bauteil mit einem starren Oberflächenschutzsystem entsprechend [1] beschichtet werden. Rissüberbrückende Oberflächenschutzsysteme müssen so geplant und ausgeführt werden, dass die zu erwartenden Rissbewegungen dauerhaft überbrückt werden.

Für befahrene Bodenflächen sind als rissüberbrückende Oberflächenschutzsysteme OS 10, OS 11 a oder b oder OS 13 möglich. Die Auswahl der jeweiligen Systeme hat der Planer aufgrund der zu erwartenden Beanspruchung festzulegen [8]. OS 13 ist bezüglich seiner Rissüberbrückung zwar entsprechend [1] für Zwischengeschosse in Tiefgaragen empfohlen, die in der Praxis vorkommenden Rissweitenänderungen zeigen jedoch, dass OS 13 kein geeignetes rissüberbrückende OS-System darstellt.

OS 11 b ist für Zwischengeschosse von Tiefgaragen einsetzbar, deren mechanische Beanspruchung jedoch nicht zu hoch sein darf.

OS 11 a wird für frei bewitterte befahrene Flächen eingesetzt, die eine mittelmäßige Beanspruchung aufweisen. Hochfrequent genutzte Park- und Fahrflächen, z. B. in Parkflächen und Einkaufszentren sollten mit Systemen abgedichtet werden, die neben der Rissüberbrückung auch eine hohe mechanische Beanspruchbarkeit aufweisen, wie z. B. OS 10 mit Schutz- und Verschleißschicht oder eine Abdichtung nach DIN 18195 mit zusätzlichen Gussasphaltfahrbelag.

## 4 Bewertung von instandgesetzten Rissen bezüglich des ursprünglichen Planungszustands

Stahlbetonbauteile weisen i. d. R. planmäßig Risse auf, da die Bemessung mit gerissener Zugzone erfolgt. Die Planung erfolgt dabei derart, dass die planmäßige Rissbreite auf die Einwirkungen abgestimmt wird. Treten die bemessenen Risse auf, sind zur Sicherstellung der Standsicherheit, Dauerhaftigkeit und Gebrauchstauglichkeit keine Maßnahmen erforderlich, wenn dieses bei der Planung berücksichtigt wird. Sind Maßnahmen erforderlich, sind diese im Vorfeld zu planen. Damit sind keine ungewollten Instandsetzungsmaßnahmen erforderlich.

Dies gilt auch, wenn Risse auftreten, die größer als die rechnerische Rissweite sind, und diese im Bereich des zur Rissbreite zugehörigen Fraktilwerts liegen [2].

Da grundsätzlich mit jeder Festlegung einer rechnerischen Rissweite von Rissen ausgegangen werden muss, deren Rissweite die rechnerische Rissweite überschreitet, muss bereits der Planer Maßnahmen vorsehen, wie diese Risse behandelt werden.

In der Praxis werden derartige Maßnahmen meist nicht geplant und dann über eine Instandsetzung von Rissen diskutiert. Derartige Maßnahmen sind nicht als Instandsetzung anzusehen, sondern stellen

Maßnahmen zur Herstellung des planmäßigen Zustands dar.

Beispielhaft dargestellt ist dies in den Erläuterungen zur WU-Richtlinie, wo dargelegt ist, dass bereits bei der Planung einer WU-Konstruktion Maßnahmen zum Umgang von planmäßigen oder unplanmäßigen Rissen vom Planer festgelegt werden müssen.

Dies gilt z. B. auch für Bauteile aus Sichtbeton, bei denen entweder der Grundsatz „Risse vermeiden" anzuwenden ist, oder planmäßig, mit Festlegung das Bauteil als Sichtbetonbauteil zu erstellen, Maßnahmen zur Behandlung möglicher Risse festgelegt werden müssen.

Die Ausführenden müssen frühzeitig auf die Möglichkeit der Entstehung von Rissen hinweisen und von den Planern Maßnahmen einfordern, wie derartige mögliche Risse zu behandeln sind.

Risse in Bauteilen, bei denen der Entwurfsgrundsatz „Risse vermeiden" angewendet wurde (z. B. Weiße Wannen, durch Fugen aufgeteilte Industrieböden) sollten dann auch rissefrei bleiben. Entstehen dennoch Risse, ist zu klären, wer diese Risse verursacht hat. Risse sind erst dann ein Mangel, wenn Abweichungen von dem planmäßigen Vorgehen festgestellt werden.

Sind Risse so instandgesetzt, dass die Einwirkungen auf das Bauteil keine Beeinträchtigung der Standsicherheit, Dauerhaftigkeit und Gebrauchstauglichkeit ergeben, ist der planmäßige Zustand hergestellt. Mögliche verbleibende optische Beeinträchtigungen sind zu bewerten. Dabei muss jedoch berücksichtigt werden, dass im Regelfall Risse zu erwarten waren und dies bereits im Vorfeld, auch unter optischen Aspekten bewertet werden muss.

## 5 Beispiel

Risse im Beton durch reaktiven Zuschlag infolge Alkalireaktion sind bekannt. Diese Risse durchziehen in einem räumlichen Netz den gesamten Betonquerschnitt der Konstruktion. Über die Verfüllung solcher dreidimensionaler Risssysteme mit Epoxidharz wurde vereinzelt in der Literatur berichtet [9].

Neben der treibenden Wirkung bei der Alkalikieselsäurereaktion (AKS) ist der gleiche Wirkungsmechanismus bei reaktivem Zuschlag mit Anteilen an Schwefel (Pyrit) in verschiedenen regionalen Vorkommen bekannt geworden [10].

Die Verminderung der Tragfähigkeit der Betonkonstruktion durch diese Risse führte in der Vergangenheit zum Abriss ganzer Wohnkomplexe z. B. in Katalanien / Spanien.

Bei einem Erweiterungsanbau eines Fabrikationsgebäudes in einer chemischen Fabrik in Katalanien war ebenfalls vor Jahren pyrithaltiger Zuschlag zur Herstellung von Beton verwendet worden. Die durch Risse verminderte Tragfähigkeit der Konstruktion führte zur Empfehlung des Gutachters, den betroffenen Teil des Gebäudes abzureißen. Aus betriebs- und produktionstechnischen Zwängen war dies nicht möglich.

Verschiedene Instandsetzungsmaßnahmen, wie z. B. eine zusätzliche Unterstützung durch eine Stahlkonstruktion scheiterten an technischen und betrieblichen Randbedingungen.

Die Möglichkeit des kraftschlüssigen Füllens der Risse mit Epoxidharz wurde diskutiert und als Ertüchtigungsmaßnahme empfohlen. Nach einem Vorversuch, wurde entschieden, die Instandsetzung des Bauwerkes durch Rissinjektion im Niederdruckverfahren durchführen zu lassen.

Der erfolgreiche Verpressversuch, der Füllungsgrad der Risse und die Erkenntnis, dass selbst Mikro-Risse < 0,1 mm mit Epoxidharz gefüllt waren, ermutigte alle Beteiligten, dem Bauherrn diese Art der Ertüchtigung der Betonkonstruktion zu empfehlen.

Als zusätzlicher Vorteil des Systems wurde erkannt, dass das erhärtete Epoxidharz in den Rissen den bisher für Feuchtigkeit zugänglichen freien Raum dauerhaft verschließen kann. Der Zuschlag wird an den Bruchstellen mit einem Film aus Harz umgeben. Eine weitere Reaktion des Pyritkorns kann dadurch verhindert, auf alle Fälle aber erschwert werden.

Das Hauptargument für die Empfehlung zur Rissverpressung war, dass auf jeden Fall eine Verbesserung der Tragfähigkeit erzielt wird, unabhängig von der Tatsache, wie viele Risse mit welchem Füllgrad geschlossen werden können. Im Vergleich mit dem vorherrschenden Zustand der offenen Risse im Beton und der ungeschützten Konstruktion ohne nachweisbare Betonfestigkeit war jede denkbare Füllung der Risse eine Verbesserung. Selbst bei der Annahme einiger weniger in der Konstruktion verbleibender, ungefüllter Risse konnte mit dieser Instandsetzungsmethode die Stabilität des gesamten Bauwerks wieder hergestellt werden.

Die Risse an der Betonoberfläche wurden mechanisch gereinigt. Die Klebepacker wurden mit einem Schnellkleber auf Polyurethanbasis am Betonuntergrund befestigt. Der Abstand betrug 12 bis 15 Zentimeter. Anschließend wurde die freie Risslänge mit Epoxidharz, durch Stellmittel angedickt, verdämmt. Nach einem Tag war die Verdämmung ausgehärtet und die Klebepacker wurden mit Injektionsharz beaufschlagt. Die Injektion erfolgte an den Stützen (Abbildung 2) von unten nach oben und an den Trägern von einem Ende beginnend zum anderen.

Mit der Klebepackerinjektion wurde an den gerissenen Betonbauteilen außen eine ca. 13 cm und innen eine ca. 8 cm dicke, geschlossene Betonschale erzeugt. Durch Hochdruckinjektion wurden die Risse im Kern gefüllt. Ein Füllgrad von 80 % wurde angezielt; an den Probekernbohrungen wurden 95 % festgestellt.

Abb. 2: Injektion von Rissen mit Federdruckinjektoren

Durch kraftschlüssiges Füllen der Risse konnte die Tragfähigkeit der Konstruktion wieder hergestellt und die Nutzung des Gebäudes abgesichert werden. Eine zusätzliche konventionelle Instandsetzung der Fassade mit einem farblich angepassten Oberflächenschutzsystem (OS 5 nach RILI SIB) verhindert den weiteren Wasserzutritt. Eine regelmäßige Inspektion der Fassade und Untersuchung auf Risse ist halbjährlich vorgesehen, um den dauerhaften Erfolg der Maßnahme zu kontrollieren.

## 6 Literatur

[1] DAfStb-Richtlinie „Schutz und Instandsetzung von Betonbauteilen, Teil 1 bis 4“. 10/ 2001

[2] DBV-Merkblatt „Begrenzung der Rissbildung im Stahlbeton und Spannbetonbau". Januar 2006

[3] DIN 1045-1: Tragwerke aus Beton, Stahlbeton und Spannbeton - Berichtigung 1

[4] Deutscher Ausschuss für Stahlbeton e.V. (DAfStb): Erläuterungen zu DIN 1045-1. Heft 525 der DAfStb-Schriftenreihe, 1. Auflage. Berlin: Beuth Verlag GmbH 2003.

[5] Fuchs, M., Keuser, M. Universität der Bundeswehr München, Instandsetzung von Rissen in Stahlbetonbauteilen nach einer außergewöhnlichen Einwirkung

[6] Deutscher Ausschuss für Stahlbeton, Berlin, DAfStb-Richtlinie Wasserundurchlässige Bauwerke aus Beton (WU-Richtlinie), Ausgabe November 2003

[7] Erläuterungen zur DAfStb-Richtlinie Wasserundurchlässige Bauwerke aus Beton; Deutscher Ausschuss für Stahlbeton, Heft 555, 2006

[8] Flohrer, Claus; Erfahrungen mit Fahrbelägen in Parkhäusern und Tiefgaragen mit unterschiedlicher Nutzungsfrequenz; TAE Esslingen; Int. Kolloquium Verkehrsbauwerke 2006

[9] Müller u. Steinegger, A.: „Injektion von Mikrorissen“. bi – bauwirtschaftliche Informationen. 9/97, S. 18

[10] Biczók, I.: „Betonkorrosion, Betonschutz“. Bauverlag 1968

# Rissbeherrschung durch Faserbewehrung

Viktor Mechtcherine

## Zusammenfassung

Faserbeton ist ein Beton, dem bei der Herstellung zur Verbesserung des Riss- und Bruchverhaltens Fasern zugesetzt werden. Als Fasermaterialen kommen vorzugsweise Stahl, alkaliresistentes Glas oder Kunststoffe zum Einsatz. Die Fasern sind im Zementstein (Matrix) eingebettet und wirken dort als risshemmende Bewehrung. In gerissenem Zustand können die Fasern durch Vernadelung beider Rissufer den Riss überbrücken. Die Wirksamkeit der Faserbewehrung ist abhängig vom Fasergehalt in der Matrix. Welche Fasermenge zur Ertüchtigung der Matrix im Hinblick auf die Rissbreitenbeschränkung notwendig ist, kann mit dem Konzept des kritischen Fasergehaltes ermittelt werden. Durch den Verarbeitungsprozess ergeben sich unterschiedliche Faserorientierungen im Beton und damit auch Unterschiede im Tragverhalten.

Für Stahlfaserbetonbauteile erfolgt die Bemessung für den Zustand I (Gebrauchstauglichkeit) und für den Zustand II (Grenzzustand der Tragfähigkeit) nach den Angaben des Merkblattes „Stahlfaserbeton“ des Deutschen Betonvereins über Ermittlung der Arbeitskennlinie des Materials bei Biegezugbelastung. Da das DBV-Merkblatt keinen Normcharakter besitzt, wurde vom DAfStb eine Richtlinie für den Stahlfaserbeton erstellt, die momentan als Entwurfsfassung vorliegt. Grundlage der Richtlinie sind Merkblätter des DBV und RILEM-Empfehlungen. In der DAfStb-Richtlinie werden Stahlfaserbetone bis zur Druckfestigkeitsklasse C50/60 geregelt, da hierfür die Bemessungsregeln ausreichend durch Versuche abgesichert sind. Mit Einführung dieser Richtlinie wird die Anwendung von Stahlfaserbeton vereinfacht und die Bemessung vereinheitlicht.

Neben der Anwendung von Stahlfaserbeton werden im Betonbau weitere faserbewehrte Komposite erforscht und angewendet, die im Vergleich zu herkömmlichen Faserbetonen eine deutlich bessere Rissbeherrschung ermöglichen. In diesem Aufsatz werden zwei neue, viel versprechende Betonarten vorgestellt: textilbewehrter Beton (TRC = Textile Reinforced Concrete) und hochduktiler Beton (SHCC = Strain-Hardening Cement-based Composite). Die extrem hohe Leistungsfähigkeit dieser Verbundwerkstoffe und erste Anwendungsbeispiele sowohl bei Neubau als auch bei Verstärkung von bestehenden Stahlbetonbauwerken verdeutlichen besonders klar den aktuellen Fortschritt in der Faserbetontechnik.

## 1 Einleitung

Herkömmlicher Beton weist viele positive Eigenschaften auf, die diesen Werkstoff zum meist verwendeten Baustoff unserer Zeit machen. Ein wesentlicher Nachteil ist aber die Sprödigkeit bzw. Rissanfälligkeit konventioneller Betone, die bei Erreichen der Tragfähigkeit einer Betonstruktur zu einem Versagen ohne Vorankündigung führen. Im konventionellen Stahl- und Spannbetonbau wird dem spröden Versagen durch Einbau einer Mindest- bzw. Robustheitsbewehrung aus Betonstahl begegnet, die dem Bauteil ein hinreichendes Verformungsvermögen verleihen soll. Mit diesem Konzept kann ein duktiles Bauteilversagen sichergestellt werden, die Betonmatrix selber aber bleibt spröde und rissanfällig.

Eine Verringerung der Sprödigkeit des Werkstoffs Beton selbst lässt sich am effektivsten durch eine Faserbewehrung erreichen. Je nach Größenordnung, mechanischen Eigenschaften und Schlankheit der Fasern können Rissbildungen beginnend von der Mikroebene bis hin zur Makroebene eingeschränkt oder sogar unterdrückt werden.

Risse im Beton können aus Zwang- und Eigenspannungen sowie aus äußeren Lasten resultieren. Durch die Risse können betonschädigende bzw. stahlkorrosionauslösende Substanzen in den Beton gelangen. In welchem Umfang das Eindringen der schadauslösenden Medien erfolgt, hängt maßgeblich von der Rissbreite ab.

Die Anwesenheit von Fasern kann zur Beschränkung der Rissbreiten und damit einer erhöhten Dauerhaftigkeit von Beton- bzw. Stahlbetonkonstruktionen führen. Feine Risse können zudem durch die sog. Selbstheilung des Betons fast vollständig wieder geschlossen werden. Bei der Selbstheilung wird in den Rissen $Ca(OH)_2$ bzw. $CaCO_3$ ausgeschieden. Ebenso sind nicht vollständig hydratisierte Zementbestandteile, die nach der Rissbildung erneut mit Wasser in Kontakt kommen können, an der Selbstheilung beteiligt.

Sollte dennoch die Korrosion der Stahlbewehrung in Gang gesetzt werden, sorgt die Duktilität des Faserbetons dafür, dass die sichtbare Schädigung der Konstruktion zunächst gering bleibt, da die durch den Korrosionsdruck (Volumenexpansion von $Fe_2O_3$) verursachten Risse überbrückt werden, sodass keine lokale oder flächige Ablösung der Betondeckung erfolgen kann. Eine fachgerechte Instandsetzung der Schadstellen ist aber dennoch unvermeidlich!

Der wesentliche Wirkmechanismus der Fasern im Beton ist also die Rissüberbrückung, die im günstigsten Falle auf allen Betrachtungsebenen (Mikro, Meso, Makro) stattfinden sollte. Abbildung 1 zeigt schematisch das Rissbild in einem herkömmlichen Stahlbeton und in einem Faserbeton mit quasiduktiler Matrix sowie die zugehörigen Kräfteflüsse. Neben der fein verteilen Rissbildung führt die Duktilität der Matrix dazu, dass der Bewehrungsstahl nicht lokal überbeansprucht wird. Aufgrund der Bildung von multiplen, spannungsübertragenden Rissen sind die Verformungen von Beton und Stahl weitgehend kompatibel.

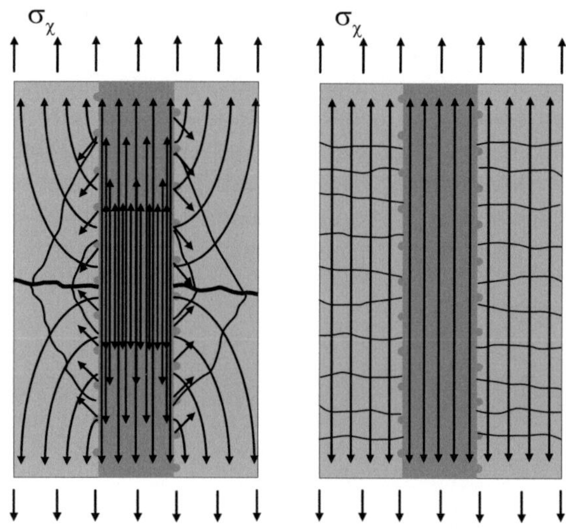


Abb. 1: Rissbilder und Kraftflüsse in herkömmlichem Stahlbeton (links) und in Stahlbeton mit duktiler Matrix (rechts) [1]

Mit dem Auftreten einer multiplen Rissbildung ist ein weiterer positiver Aspekt der Faserzugabe zu Betonen verbunden. Durch die Schaffung der zahlreichen Rissoberflächen und durch den im Zuge der Rissaufweitung stattfindenden Faserauszug findet eine vergleichsweise große Energieabsorption statt, die sich insbesondere bei stoßartiger Beanspruchung positiv auf das Bauteilverhalten auswirken kann. Als weitere wesentliche Wirkmechanismen sind hier Kräfteumlagerung, Spannungsumverteilung sowie das Ausbleiben der Querschnittsschwächung durch Betonabplatzungen zu nennen. Außerdem führt die Verringerung der Sprödigkeit durch Vorankündigung des Versagens zu mehr Sicherheit.

Das erste Patent für Stahlfaserbeton stammt bereits aus dem Jahre 1872. Im 20. Jahrhundert wurde viel mit verschiedenen Faserarten experimentiert. Die ersten schlüssigen, wissenschaftlich begründeten Konzepte zu einer gezielten Gestaltung des Verbundwerkstoffes Faserbeton wurden jedoch erst in den letzten Jahrzehnten bzw. Jahren entwickelt. In Kombination mit der modernen Baustoffanalytik und Verfahrenstechnik ermöglichen diese Ansätze eine zielgerichtete Entwicklung von zukunftweisenden Hochleistungsverbundwerkstoffen auf Zementbasis.

Für die Herstellung von Faserbeton werden zurzeit hauptsächlich Stahl-, Glas- und Kunststofffasern eingesetzt, wobei Stahlfasern die dominante Rolle spielen. Hauptsächlich (zu ca. 70 %) wird Faserbeton in Industrieböden eingesetzt. Bei statisch unbestimmten Systemen, wie Stahlfaserbeton-Bodenplatten, ist durch Bildung von plastischen Gelenken eine erhebliche Traglaststeigerung über die Risslast hinaus möglich. Die Bruchlast entspricht etwa dem 1,5- bis 2-fachen Wert der ersten Risslast. Daneben ist aber auch eine zunehmende Verwendung im Hoch- und Tunnelbau zu verzeichnen.

Bei Bemessung von Betonbauteilen nach DIN 1045-1 wird die Menge der Betonstahlbewehrung sehr stark von den Gebrauchsfähigkeitsnachweisen bestimmt. Hier können die Stahlfasern die notwendigen Betonstahlbewehrungsmengen vermindern bzw. in einigen Fällen ganz ersetzen. Das Gebrauchsverhalten und somit die Dauerhaftigkeit und Robustheit wird bei einer Kombination von Betonstahl und Stahlfasern optimal beeinflusst. Beim Bauteil bewirkt dies geringere Rissbreiten und kleinere Verformungen. Stahlbeton- bzw. Spannbetonbauteile sind im Bereich der Betonüberdeckungen üblicherweise unbewehrt. Erst wenn diese Bauteile zusätzlich mit Fasern durchsetzt sind, ist auch die Betonüberdeckung bewehrt.

Neben einer breiteren Anwendung von „bekannten“ Faserbetonen ist in der letzten Zeit eine rapide Entwicklung und Verbreitung neuer faserbewehrter Hochleistungswerkstoffe zu verzeichnen, die eine deutliche bessere Rissbeherrschung ermöglichen. In den nächsten Jahren können solche Faserbetone sowohl den Neubau als auch die Sanierung von Bauwerken in speziellen Gebieten revolutionieren.

In diesem Aufsatz werden zunächst einige wichtigen Grundlagen zum Thema Faserbeton erläutert. Es wird hierbei insbesondere auf die Problematik der Rissbeherrschung in Beton durch eine gezielte Faserauswahl unter Berücksichtigung der Eigenschaften der Matrix und des Verbundes eingegangen. Anschließend wird der heutige Stand der Normung auf dem Gebiet Faserbeton dargestellt. Schließlich werden zwei neue leistungsfähige Faserbetonarten vorgestellt, die den Fortschritt in der Faserbetontechnik besonders klar verdeutlichen.

## 2 Faserbeton

### 2.1 Wirkungsweise der Faserbewehrung

Werden Beton bei seiner Herstellung Fasern aus Stahl, Glas, Kunststoff oder einem anderen Material zugegeben, entsteht ein Verbundwerkstoff, der als Faserbeton bezeichnet wird. Die Faserbewehrung soll bei Zugbeanspruchung die Zugfestigkeit und/oder Duktilität des Betons erhöhen und sowohl bei Zug- als auch bei Druckbeanspruchung Rissverhalten und Energieaufnahme verbessern. Eine in der Matrix fein verteilte Bewehrung aus zugfesten und dehnfähigen Fasern hemmt das Öffnen der Risse bzw. bewirkt bei größeren Dehnungen eine Aufteilung in viele, sehr feine und i. d. R. unschädliche Risse.

In den meisten Fällen werden kurze Fasern in Beton eingemischt, die – je nach Art der Herstellung und Geometrie des Bauteils a) in allen Richtungen (nicht orientiert) wirken, b) nur in einer Ebene angeordnet sind, wie z. B. bei Faserspritzbeton oder c) eine bevorzugte Richtung aufweisen, wie etwa bei stranggepressten Betonelementen. Alternativ können für bestimmte Anwendungen durchgehende Fasern (Langfasern) in Richtung der zu erwartenden Zugspannungen eingelegt werden, wie z. B. im Falle von textilbewehrtem Beton (siehe Abschnitt 5.2). Je nach Lage und Ausrichtung der Fasern ergeben sich z. T. erhebliche Unterschiede im Tragverhalt des Verbundwerkstoffs.

Bei Faserbeton lassen sich zwei Wirkmechanismen unterscheiden: die Behinderung der Entstehung und der Ausbreitung von Mikrorissen und die Behinderung der Rissaufweitung auf der Meso- und Makroebene.

Im erhärtenden Beton entstehen immer feine Mikrorisse, die durch frühe Zwangs- und Eigenspannungen, z. B. aus Schwinden oder abfließender Hydratationswärme verursacht werden und meist in der porösen Kontaktzone Zementstein/Zuschlag entstehen. Mit zunehmender Belastung beginnen die Risse sich auszubreiten. Beim Auftreffen der Risswurzel auf eine Faser wird – da die Faser nun die an der Risswurzel wirkenden Zugkräfte aufnimmt – im Gegensatz zum unbewehrten Beton zunächst ein weiterer Rissfortschritt verhindert, d. h. die Risse werden stabilisiert. Es entsteht eine Vielzahl kurzer, feinster, nicht sichtbarer Mikrorisse. Um die Rissbildung auf diese Art und Weise effektiv zu behindern, ist vor allem eine große wirksame Faseroberfläche, d. h. eine große Faseranzahl mit kleinen, auf die Rissdimension abgestimmten Faserdurchmessern wichtig. Die Faserlänge ist hier von untergeordneter Bedeutung, da in diesem Stadium der Rissentwicklung keine Relativbewegung zwischen Faser und Zementsteinmatrix stattfindet.

Bei einer weiteren Laststeigerung kommt es zu einer Zunahme von Breite und Länge der Mikrorisse und zum Zusammenwachsen einzelner Mikrorisse zu größeren Rissen. Hierbei kommt es nun zu einer Relativbewegung zwischen den Fasern und der Zementstein- bzw. Mörtelmatrix, wodurch die rissüberbrückenden Fasern über Verbundspannungen Zugkräfte aufnehmen und zwischen den Rissufern übertragen können. Somit wird der Rissausweitung ein Widerstand entgegengesetzt und die Rissweite beschränkt. Abbildung 2 veranschaulicht Unterschiede im Rissverhalten von unbewehrtem und faserbewehrtem Beton. Nach dem Erreichen der Zugfestigkeit stellen in unbewehrtem Beton Rissverzweigung und Rissuferverzahnung die maßgebenden Mechanismen dar, die eine Übertragung der Zugkräfte durch den „gerissenen" Beton ermöglichen. Je nach dem Größtkorn des Betons können die Risse bereits ab einer Rissöffnung von 0,1 bis 0,3 mm praktisch keine Zugspannung mehr übertragen. Die Rissuferverzahnung und Rissverzweigung liegen auch im Faserbeton vor, hauptsächlich erfolgt die Zugkraftübertragung mittels Fasern, die auf den beiden Seiten eines Risses im Beton verankert sind.

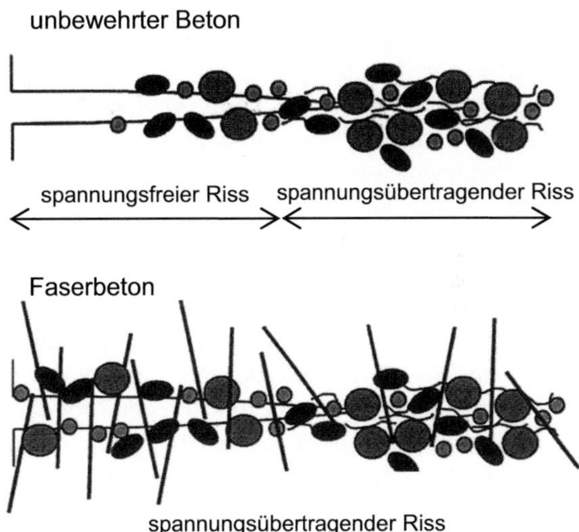


Abb. 2: Schematische Darstellung eines Risses in unbewehrten und faserbewehrtem Beton

### 2.2 Kritischer Fasergehalt

Der Einfluss der Fasern auf das Betonverhalten steigt mit zunehmendem Fasergehalt. In Abhängigkeit von der Fasergeometrie wird der Fasergehalt jedoch durch die gegebenenfalls verminderte Verarbeitbarkeit beschränkt. Die Wirtschaftlichkeitsüberlegungen spielen in Bezug auf die Zugabemenge an Fasern ebenfalls eine wichtige Rolle.

Mit abnehmendem Fasergehalt ist ein fließender Übergang zu den Eigenschaften des unbewehrten Betons gegeben. Mit zunehmendem Fasergehalt lässt sich je nach den Eigenschaften der Faser und der Matrix auch bei einaxialer Zugbelastung ein quasi-duktiles Verhalten erreichen, welches durch multiple Rissbildung sowie das Beibehalten bzw. sogar die Steigerung der Kraftaufnahmekapazität durch den Verbundwerkstoff nach dem Erreichen der Matrixfestigkeit charakterisiert wird.

Mit der klassischen Theorie der Verbundwerkstoffe ergeben sich die von Matrix und Fasern aufgenommenen Spannungsanteile aus der Volumenkonzentration der Fasern $V_F$ und dem Steifigkeitsverhältnis $n = E_F / E_M$ beider Komponenten. Die Wirksamkeit einer Faserbewehrung steigt mit wachsendem $V_F$ und n. Neben dem Fasergehalt hängt die Zugfestigkeit des Verbundwerkstoffes hauptsächlich von der Faserart, der Faserorientierung (Betonierrichtung zur Prüfrichtung) und dem Verbund zwischen Matrix und Fasern ab. Eine nennenswerte Erhöhung der Zugfestigkeit tritt nur ein, wenn der Fasergehalt über einem kritischen Wert $V_{F,crit}$ liegt. Vereinfacht kann dieser durch Gleichung (1) ausgedrückt werden.

$$V_{F,crit} = \frac{f_{t,M}}{\eta_0 \cdot \eta_v \cdot f_{t,F}} \qquad (1)$$

Darin bedeuten $f_{t,M}$ und $f_{t,F}$ die Zugfestigkeit der Matrix und der Faser. Der Beiwert $\eta_0$ ist $\leq$ 1. Er berücksichtigt, dass nicht alle Fasern in Richtung der angreifenden Spannung orientiert sind. Der Beiwert $\eta_V$ ist ein Verbundbeiwert. Er ist < 1, wenn der Verbund zwischen Matrix und Faser nicht ausreicht, um in die Faser eine Zugspannung einzuleiten, die gleich der Zugfestigkeit der Faser ist.

Abbildung 3 stellt den Einfluss des Fasergehaltes auf das Spannungs-Verformungsverhalten von Beton unter einaxialer Zugbeanspruchung dar. Während unbewehrter Beton mit dem Erreichen der Zugfestigkeit spröde versagt (gestrichelte Linie, $V_F = 0$), erfolgt bei Faserbeton eine Kraftaufnahme auch nach dem Reißen der Betonmatrix. Bei unterkritischem Fasergehalt $V_F < V_{F,crit}$ ist keine Spannungssteigerung möglich. Es bildet sich ein Makroriss in einem lokalen Bereich und es ist ein steiler Spannungsabfall zu beobachten. Dieser Abfall stabilisiert sich durch die Wirkung der Fasern, mit zunehmendem Faserauszug bzw. Versagen der Fasern geht die Rissüberbrückende Wirkung bis auf Null zurück.

Bei überkritischem Fasergehalt $V_F > V_{F,crit}$ können die Fasern die durch das Reißen der Betonmatrix frei werdenden Zugspannungen übernehmen und es ist eine weitere Spannungssteigerung möglich. Es muss hier klar unterstrichen werden, dass die Formeln der Verbundwerkstofftheorie zwar den kritischen Fasergehalt mit guter Näherung vorhersagen können, nicht jedoch das Spannungs-Verformungsverhalten des Verbundwerkstoffes. Die Verbundwerkstofftheorie geht von einem idealen Verbund beider Komponenten aus, so dass die Fasergeometrie und die tatsächlichen Eigenschaften des Faser-Matrixverbundes nicht berücksichtigt werden können.

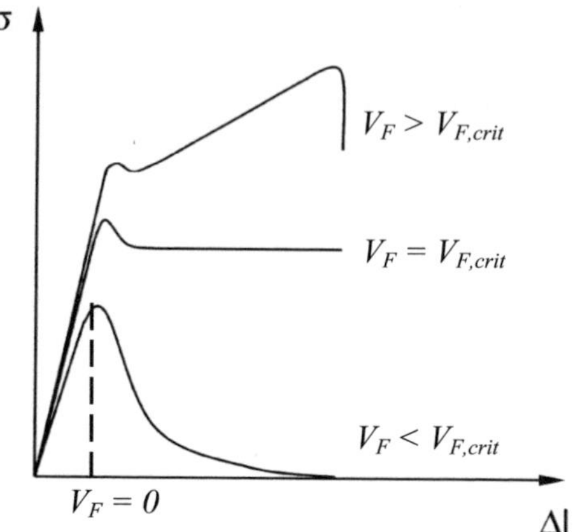


Abb. 3: Einfluss des Fasergehaltes auf das Spannungs- Verformungsverhalten eines faserbewehrten Betons (schematische Darstellung in Anlehnung an [2])

### 2.3 Kritische Faserlänge

Die spannungsüberbrückende Wirkung der Fasern kann auf zwei grundsätzlich unterschiedliche Arten verloren gehen:

- durch kompletten Faserauszug
- durch Faserreißen.

Welcher Versagensmechanismus sich einstellen wird, ist von der Faserfestigkeit und -geometrie sowie vom Verbundverhalten mit der Matrix abhängig. Die Verbundfestigkeit beruht sowohl auf der Oberflächenbeschaffenheit der Faser als auch auf der Festigkeit der umgebenden Betonmatrix. Gleiche Fasern können in unterschiedlichen Betonen durchaus unterschiedliche Versagensmechanismen aufweisen. Durch Betrachtung des Kräftegleichgewichtes an einer Faser kann eine kritische Faserlänge $l_{crit}$ ermittelt werden. Sie ist so definiert, dass die Summe der über die halbe Faserlänge $l_H$ eingeleiteten maximalen Verbundspannungen mit der maximal aufnehmbaren Faserzugkraft im Gleichgewicht steht. Hiermit entspricht die kritische Faserlänge $l_{crit}$ der Mindestlänge einer Faser, bei der die Zugfestigkeit der Faser durch Einleitung von Schubspannungen an der Fasermantelfläche (Haftverbund) gerade erreicht werden kann. Bei einer unterkritischen Faserlänge wird die Faserfestigkeit nicht erreicht. Es folgt ein Faserauszug, wobei weiterhin Kräfte mittels Reibung übertragen werden können. Bei überkritischen Faserlängen reißt die Faser, bevor die Verbundfestigkeit erreicht wird und ein Faserauszug stattfinden kann. Die kritische Faserlänge $l_{crit}$ lässt sich nach dieser Betrachtung vereinfacht durch Gleichung 2 beschreiben:

$$l_{crit} = \alpha \cdot 2l_H = \alpha \cdot \frac{f_{t,F}}{2\tau_m} \cdot d \qquad (2)$$

Dabei sind $f_{t,F}$ = Zugfestigkeit der Faser, $d$ = Faserdurchmesser und $\tau_m$ = über die Faserlänge gemittelte, maximal aufnehmbare Verbundspannung. Der Beiwert $\alpha$ berücksichtigt, dass ein Riss in der Matrix nicht immer in der Mitte einer Faser auftritt. Der Beiwert $\alpha$ muss daher > 1 sein.

Nach Gleichung 2 ist das geometrische Kriterium für die Wirksamkeit einer Faser das Verhältnis Faserlänge/Faserdurchmesser $l/d$. Die aufnehmbare Verbundspannung liegt beispielsweise zwischen einer glatten Stahlfaser und Beton etwa im Bereich $1 < \tau_m < 10$ N/mm². Nach Gleichung 2 ergibt sich mit $\tau_m = 5$ N/mm²; $f_{t,F} = 1000$ N/mm² und $\alpha = 2$ ein erforderliches Verhältnis $l/d \geq 200$. Wird diese Bedingung nicht erfüllt, so ist der Verbundbeiwert $\eta_V < 1$. Aber auch dann, und in vielen Fällen gerade dann, wirkt sich eine Faserbewehrung auf das Tragverhalten des Verbundwerkstoffs günstig aus. Zum Herausziehen der Faser aus der Matrix ist Energie erforderlich, so dass die Bruchenergie des Verbundwerkstoffs deutlich höher als jene der unbewehrten Matrix ist. Zur Rissfläche schräg verlaufende duktile Fasern erhöhen die zur Rissöffnung benötigte Energie. Das Gleiche gilt für den Einfluss der Verankerungshaken an Faserenden oder ähnlichen Maßnahmen.

Auf der Basis der Gleichung 3 wird in [3] Gleichung 3 für den kritischen Fasergehalt $V_{F,crit}$ für gerissenen Beton unter Berücksichtigung der Fasergeometrie und der aufnehmbaren Verbundspannung abgeleitet:

$$V_{F,crit} = \left( \eta \cdot \frac{\tau_m}{f_{t,M}} \cdot \frac{l}{d} - \frac{E_F}{E_M} + 1 \right)^{-1} \approx \frac{1}{\eta} \cdot \frac{f_{t,M}}{\tau_m} \cdot \frac{d}{l} \qquad (3)$$

Darin bedeuten $\tau_m$ = über die Faserlänge gemittelte, maximal aufnehmbare Verbundspannung $f_{t,M}$ = Zugfestigkeit der Matrix, $d$ = Faserdurchmesser, $l$ = Faserlänge, $E_F$ = E-Modul der Faser, $E_M$ = E-Modul der Matrix, $f_{t,M}$ = Zugfestigkeit der Matrix, $\eta$ = Faktor zur Berücksichtigung der Faserverteilung ≤ 1.

### 2.4 Faserarten und Faserverteilung

Fasern gehören in Deutschland derzeit noch zu den ungeregelten Bauprodukten. Damit sie in Bauteilen gemäß DIN 1045 oder anderen tragenden Bauteilen eingesetzt werden können, ist eine allgemeine bauaufsichtliche Zulassung notwendig. Sollen die Festigkeitseigenschaften der Fasern statisch in Rechnung gestellt werden, so bedürfen die damit hergestellten Bauteile einer gesonderten bauaufsichtlichen Zulassung oder einer Zustimmung im Einzelfall der obersten Bauaufsichtsbehörde.

Bei den Stahlfasern unterscheidet man zwischen glatten Fasern, gewellten Fasern sowie Fasern mit verdickten Enden zur Verbesserung des Verbundes. Stahlfasern weisen im Allgemeinen hohe Zugfestigkeiten von 1000 bis 2500 N/mm² auf und sind wegen ihres hohen E-Moduls als Faserbewehrung besonders geeignet. Da aber die Eigenschaften des Verbundes Stahlfaser/Matrix meist ungünstig sind, kann die Faserzugfestigkeit häufig nicht ausgenutzt werden. Stahlfasern mit Durchmessern von ca. 0,2 bis 1 mm werden in Längen bis zu ca. 50 mm zu Faserbeton verarbeitet. Ein bedeutender Vorteil von Stahlfaser ist ihre Duktilität, was im Hinblick auf die Verarbeitbarkeit von Frischbeton und das Tragverhalten von erhärtetem Beton eine wichtige Eigenschaft darstellt.

Glasfasern sind nur bei der Verwendung von Sondergläsern für Faserbeton geeignet, da das z. B. zur Herstellung von GFK-Werkstoffen verwendete E-Glas im alkalischen Milieu des Betons nicht beständig ist. Jedoch wurden in jüngerer Zeit Glasfasern mit deutlich verbessertem Alkaliwiderstand (AR-Glasfasern) entwickelt. Glasfaser sind spröde und können bereits beim Einmischen in Beton zerstört werden. Um diesen Effekt zu minimieren bzw. zu vermeiden, wird bevorzugt mit feinkörnigen Betonen weicher Konsistenz gearbeitet.

Unter den Kunststofffasern kommen vor allem jene Fasern in Betracht, deren E-Modul mindestens in der Größenordnung des E-Moduls von Zementstein oder darüber liegt. Wegen ihres zum Teil günstigen Verbundverhaltens und ihrer geringen Durchmesser können sie auch in Längen unter 30 mm wirksam eingesetzt werden. Aus der Vielzahl der für die Herstellung von Fasern zur Verfügung stehenden Kunststoffe wurde bisher – wegen der geringen Kosten und der guten Alkalibeständigkeit – vorwiegend Polyvinilalkohol (PVA) und Polypropylen (PP) verwendet. Die Letzteren werden u. a. auch für die Verminderung der Betonabplatzungen im Brandfall bei hochfesten Betonen eingesetzt.

Die Faserverteilung und Faserorientierung wird direkt durch die Größe der Gesteinskörnung beeinflusst. Während sich im feinkörnigen Mörtel noch alle Partikel frei zwischen den Fasern bewegen können, führen bei Beton alle Zuschläge, die größer als der mittlere theoretische Faserabstand sind, zwangsläufig zu einer ungleichmäßigen Faserkonzentration bzw. -verteilung. Je größer die Zuschlagkörner sind, desto ausgeprägter ist dieser Effekt, der einen negativen Einfluss sowohl auf die Frischbetoneigenschaften (z. B. Blockiererscheinungen) als auch auf die Festbetoneigenschaften hat. Das Größtkorn der Gesteinskörnung sollte generell etwa ein Drittel der Faserlänge nicht überschreiten. Die Faserorientierung wird durch die Konsistenz des Frischbetons, die Betonierrichtung, die Bauteilgeometrie und weitere Faktoren beeinflusst. Sie hat eine deutliche Auswirkung auf die mechanische Leistungsfähigkeit von Faserbeton [3].

## 3 Mechanische Eigenschaften

Generell zeigen Stahlfasernbetone im Vergleich zu konventionellen Betonen folgende Veränderungen der mechanischen Eigenschaften:

- Erhöhung der Bruchdehnung und Bruchenergie bei Druck- und Zugbelastung,
- Verbesserung der Zug- und Biegezugfestigkeit,
- Resttragfähigkeit nach Trennriss,
- Verbesserung der Schlag- und Stoßfestigkeit,
- Verbesserung der Ermüdungsfestigkeit,
- Verringerung von Schwinden und Kriechen bei hohen Fasergehalten,
- Geringere Rissempfindlichkeit bei schnellen Temperaturwechseln.

In den nachfolgenden Abschnitten werden ausgewählte Verhaltensweisen eingehender diskutiert.

### 3.1 Verhalten unter Druckbeanspruchung

Die einaxiale Druckfestigkeit von Stahlfaserbeton nimmt mit steigendem Fasergehalt geringfügig zu. Ursache ist die Behinderung von Mikrorissbildungen, die durch die Querzugspannungen im belasteten Beton entstehen und überwiegend parallel zur Richtung der Hauptdruckspannungen orientiert sind. Die erhöhte Belastbarkeit in quer zur Belastungsrichtung hat unmittelbar eine höhere Druckfestigkeit zu Folge.

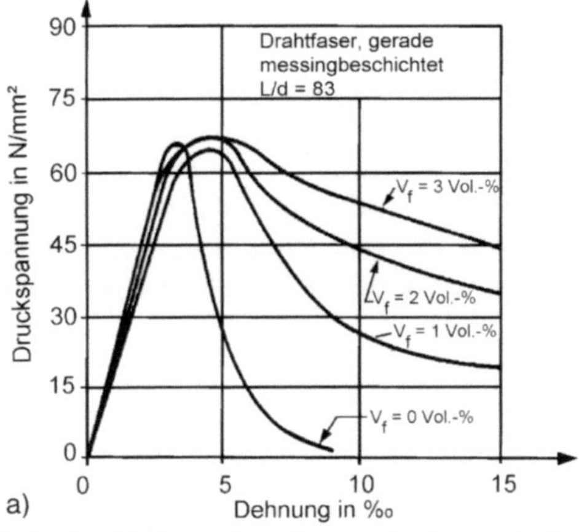


Abb. 4: Einfluss des Fasergehaltes auf die Spannungs-Stauchungskurven von Stahlfaserbeton [4]

Weit deutlicher als die Erhöhung der Druckfestigkeit ist der Anstieg der Bruchdehnung und insbesondere der Bruchenergie. Mit steigendem Fasergehalt verläuft der abfallende Ast der Druckspannungs-Stauchungskurve von Stahlfaserbeton immer flacher (Abbildung 4). Damit ist eine Zunahme der Bruchenergie (Fläche unter der Kurve) verbunden. Ursache ist die Ablösung und der Auszug der Stahlfasern mit zunehmender Rissaufweitung. Bei unverändertem Fasergehalt nimmt das Arbeitsvermögen des Stahlfaserbetons mit zunehmendem Länge/Durchmesser-Verhältnis der Faser ebenfalls zu (Abbildung 5), da die Zugfestigkeit der Stahlfasern i. d. R. erst bei großen Einbindelängen bzw. großer Faserschlankheit voll ausgeschöpft werden kann. Bei Fasern mit geringer Schlankheit werden die Fasern schon bei deutlich geringerer Zugspannung ausgezogen.

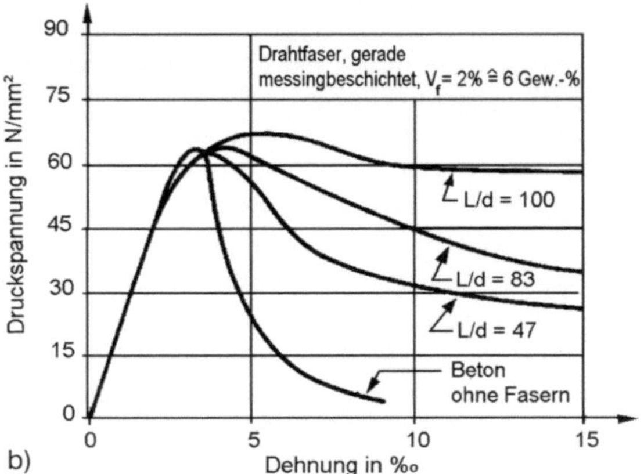


Abb. 5: Einfluss der Faserschlankheit L/d auf die Spannungs-Stauchungskurven von Stahlfaserbeton [4]

Eine Orientierung der Faserbewehrung kann sich – in Abhängigkeit von der Belastungsrichtung – sowohl günstig als auch ungünstig auf das Materialverhalten auswirken. Faserorientierungen resultieren überwiegend aus den Herstellungsprozessen der Bauteile. So ist in der Nähe von geschalten Oberflächen i. d. R. eine zweidimensionale Faserausrichtung parallel zur Oberfläche festzustellen. Bei Faserspritzbeton wurde eine bevorzugte Orientierung der Fasern senkrecht zur Spritzrichtung festgestellt. Bei fließfähigen Betonen kann u. U. ein Absinken der Stahlfasern und deren Ausrichtung parallel zum Schalboden beobachtet werden. Das Gleiche gilt für weiche Betone, die mit Rüttelverdichtung eingebaut wurden.

In Abbildung 6 ist der Einfluss der Faserorientierung auf das Bruchverhalten von Faserbeton bei Druckbelastung dargestellt. Sowohl die Druckfestigkeit als auch das Arbeitsvermögen des Betons sind im Falle der Prüfung in der Betonierrichtung (orthogonal zur Vorzugsorientierung der Fasern) deutlich höher als bei der Prüfung senkrecht zur Betonierrichtung.

Bei hochfesten und ultrahochfesten Faserbetonen werden oft geringere Druckfestigkeiten als bei sonst gleich zusammengesetztem Beton ohne Fasern festgestellt. Dies begründet sich durch eine i. d. R. erhöhte Porosität der faserbewehrten Betone. Zudem können die Fasern – je nach der Orientierung und der Verbundqualität mit der Matrix – als Unstetigkeitsstellen im sehr feinkörnigen Betongefüge wirken und damit einen vorzeitigen Beginn der Rissbildung initiieren. Das Arbeitsvermögen hoch- und ultrahochfester Betone wird durch die Faserzugabe positiv beeinflusst.

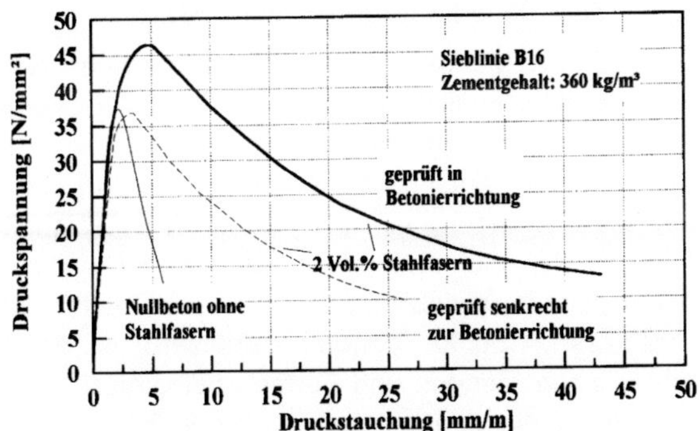


Abb. 6: Einfluss der Betonierrichtung auf die Spannungs-Stauchungslinien von Stahlfaserbeton [5]

### 3.2 Verhalten bei zentrischer Zug- und Biegezugbeanspruchung

Die zentrische Zugfestigkeit und die Biegezugfestigkeit werden in entscheidendem Maße durch eine Faserbewehrung beeinflusst. Um eine Steigerung der Zugfestigkeit zu erreichen, muss der Fasergehalt über dem kritischen Wert liegen. In Experimenten an Zugproben mit langen, vorzugsorientierten Fasern (Fasergehalt 2,4 Vol.-%) konnte an der TU Dresden eine Steigerung der Rissspannung bis auf das 5,5-fache der Zugfestigkeit einer unbewehrten Mörtelmatrix erzielt werden. Diese Steigerung entspricht etwa der durch Fasern maximal erreichbaren Wirkung. Bei der Verwendung kurzer, nicht orientierter Fasern ist i. d. R. eine wesentlich geringere Steigerung der Zug- bzw. Biegezugfestigkeit zu erzielen. Die Effektivität der Fasern ist auch Abhängig von ihrem Abstand untereinander. Ein kleiner Abstand führt zu einem hohen Widerstand gegen Rissbildung und -aufweitung und damit zu einer höheren Zugfestigkeit [6].

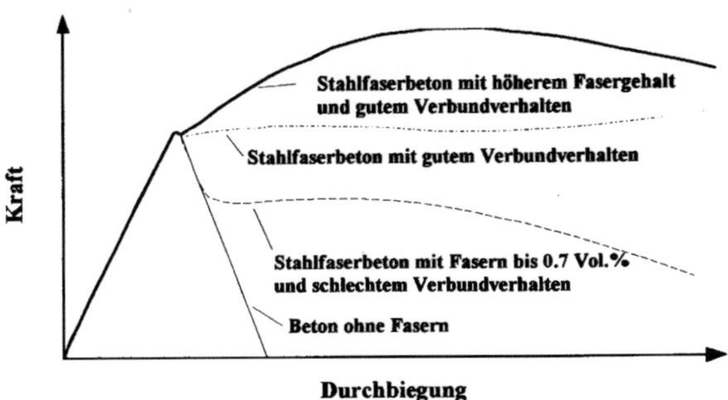


Abb. 7: Kraft-Durchbiegungsbeziehungen für Betone mit unterschiedlichem Fasergehalt [7]

Bei Stahlfaserbeton mit üblichen Fasergehalten kann die Biegezugfestigkeit durch die Faserzugabe bis zu 20 % gesteigert werden, in Einzelfällen auch darüber. Notwendige Bedingung ist auch hier ein hinreichender Fasergehalt und ein guter Verbund Faser/Matrix, vgl. Abbildung 7. In diesem Fall werden auch stets höhere Durchbiegungen bei Maximallast und vor allem deutlich größere Bruchenergien gemessen. Demzufolge kann auch eine deutliche Verbesserung des Bauteilwiderstands gegenüber dynamischer Beanspruchung beobachtet werden. Bei zyklischer Belastung führt ein Faserzusatz zu einer erheblichen Verbesserung der Biegeschwellfestigkeit. Die Biegeschwellfestigkeit ist diejenige Biegezugfestigkeit, die nach ca. 10 Millionen Lastzyklen an einer Probe gemessen werden kann. Während diese Größe bei unbewehrtem Beton nur etwa 50 bis 60 % der statischen Kurzzeitbiegezugfestigkeit beträgt, konnte sie durch Zusatz von Stahlfasern auf 90 bis 95 % gesteigert werden. Bei Zugabe von Polypropylenfasern ist die Verbesserung weniger deutlich ausgeprägt. Die Biegeschwellfestigkeit erreichte hier ca. 70 % der statischen Kurzzeitbiegezugfestigkeit.

## 4 Bemessungskonzept Stahlfaserbeton

Mit der Einführung der neuen Normengeneration DIN 1045 „Tragwerke aus Beton, Stahlbeton und Spannbeton" im Jahre 2002 änderten sich insbesondere das Berechnungsverfahren zur Begrenzung der Rissbildung sowie nahezu alle Begriffe und Bezeichnungen.

Das DBV-Merkblatt „Stahlfaserbeton" [8] wurde bereits im Oktober 2001 in einer überarbeiteten Fassung bereitgestellt. Es ist an die neue Normengeneration angepasst und umfasst die Herstellung, Bemessung und konstruktive Durchbildung, Bauausführung und Überwachung des Stahlfaserbetons, einschließlich der geforderten Prüfungen. Das Merkblatt nimmt eine Klassifizierung des Stahlfaserbetons anhand äquivalenter Zugfestigkeiten in Faserbetonklassen vor. Der Planer ist demnach nur verantwortlich für die Auswahl der Faserbetonklassen, nicht aber für die Faserauswahl und -menge bzw. Betonzusammensetzung. Dies liegt im Verantwortungsbereich des Stahlfaserbetonherstellers. Bei den betrachteten Faserbetonen handelt es sich ausschließlich um Betone mit unterkritischem Fasergehalt. Das sind Betone, die bei Zugbeanspruchung nach der Erstrissbildung ein Entfestigungsverhalten aufweisen.

In diesem Merkblatt sind die Inhalte und Erkenntnisse der bis dahin bekannten DBV-Merkblätter „Grundlagen zur Bemessung von Industriefußböden aus Stahlfaserbeton", „Bemessungsgrundlagen für Stahlfaserbeton im Tunnelbau" und „Technologie des Stahlfaserbetons und Stahlfaserspritzbetons" eingeflossen.

### 4.1 Bemessung nach DBV-Merkblatt

Die Bemessung von Bauteilen mit Stahlfaserbeton erfolgt nach den gleichen Grundsätzen wie für Stahlbeton, es gelten die Regelungen der DIN 1045-1. Die Bemessung ist dabei auf die Methode der Schnittgrößenermittlung abzustimmen. Die Bemessung für den Grenzzustand der Gebrauchstauglichkeit (GZG) erfolgt i. d. R. über die Beschränkung der Rissbreite.

Beim Nachweis des Grenzzustandes der Tragfähigkeit (GZT) wird dem Stahlfaserbeton in der Zugzone ein Spannungsblock zugewiesen, dessen Gestalt die mit zunehmendem Abstand von der Nulllinie abnehmende Spannung widerspiegelt. Ein wesentlicher Kennwert dieser Spannungsverteilung ist die äquivalente (Nachriss) Zugfestigkeit des Stahlfaserbetons.

Da die Ermittlung der Nachrisszugfestigkeit in zentrischen Zugversuchen sich aufwändig gestaltet, ist im DBV-Merkblatt die ersatzweise Durchführung von Biegezugversuchen (vgl. Abbildung 8) geregelt.

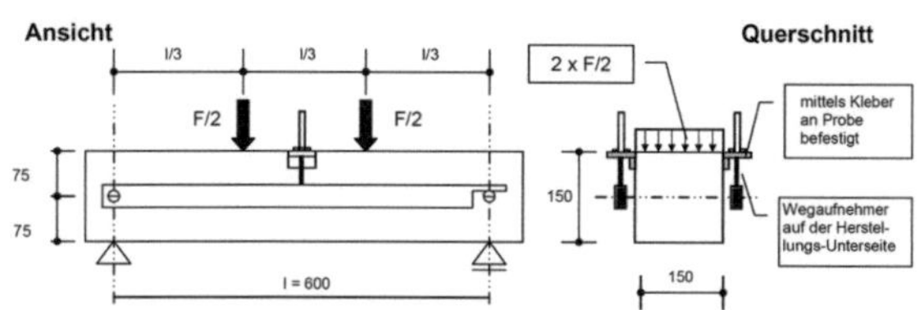


Abb. 8: Biegezugversuch zur Messung der Arbeitslinie von Stahlfaserbeton [8]

Mit den Biegezugversuchen wird die Arbeitslinie des Materials und daraus die sog. äquivalente Biegezugfestigkeit bestimmt. Aus diesem Kennwert wird mittels Umrechnungsfaktoren auf die äquivalente Zugfestigkeit des Stahlfaserbetons geschlossen.

Die äquivalenten Biegezugfestigkeiten $f_{eq,I}$ und $f_{eq,II}$ werden aus den Kraftwerten $F_{0,5}$ und $F_{3,5}$ für zwei maßgebende Durchbiegungsendwerte $\delta_1$ = 0,5 mm und $\delta_2$ = 3,5 mm ermittelt (Vgl. Abbildung 9). Dazu ist das jeweilige Arbeitsvermögen des Faserbetons (Fläche unter der Last-Durchbiegungskurve) zu bestimmen. Die ermittelte äquivalente Biegezugfestigkeit ist abhängig vom Fasergehalt und der Faserschlankheit. Je nach Anwendungsgebiet des Stahlfaserbetons sind weiterhin unterschiedliche Anrechnungsregeln für den wirksamen Fasergehalt zu beachten.

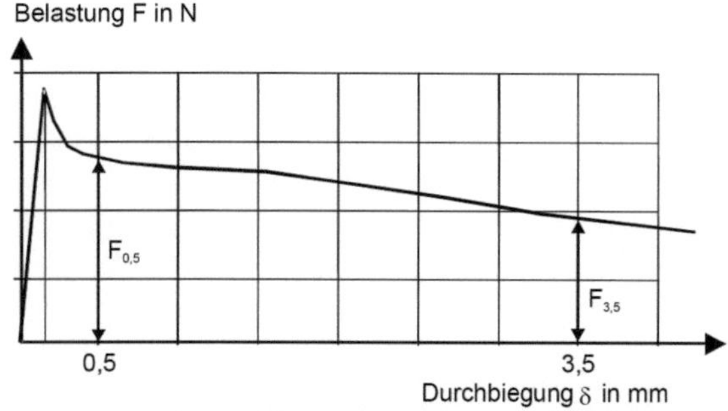


Abb. 9: Zur Ermittlung der äquivalenten Biegezugfestigkeiten $f_{eq,I}$ und $f_{eq,II}$ [9]

Um eine ausreichende Verankerung der Stahlfasern sicherzustellen, wird im GZT die maximale Rissbreite auf 1/20 der Faserlänge begrenzt und darf zudem 3 mm nicht überschreiten.

## 4.2 Richtlinie Faserbeton des DAfStb

Da das DBV-Merkblatt Stahlfaserbeton keinen Normencharakter besitzt, wurde durch den DAfStb eine Richtlinie für den Stahlfaserbeton [9] vorbereitet. Ist die Richtlinie einmal bauaufsichtlich eingeführt, dann wird die Anwendung von Stahlfaserbeton vereinheitlicht und sicherlich an Umfang zunehmen. Die Richtlinie regelt ausschließlich Betone bis zur Druckfestigkeitsklasse C50/60, denen Stahlfasern in unterschiedlichen Mengen und Formen beigemischt werden. Bis zu diesen Festigkeiten sind die in der Richtlinie enthaltenen Bemessungsregeln ausreichend durch Versuche abgesichert. Hierbei wird zwischen einer für die Beurteilung des Gebrauchszustandes (geringe Rissbreiten) und einer für den Traglastzustand (große Rissbreiten) maßgebenden äquivalenten Zugfestigkeit unterschieden. Dementsprechend nimmt die Richtlinie eine Klassifizierung des Stahlfaserbetons anhand der Nachrissbiegezugfestigkeit in zwei Leistungsklassen vor:

- L1 für kleine Verformungen (Gebrauchszustand)
- L2 für größere Verformungen (Traglastzustand).

Die Leistungsklassen werden entsprechend der statischen Erfordernisse durch den Planer festgelegt. Die zur Erreichung der Leistungsklasse erforderliche Betonzusammensetzung wird durch den Hersteller definiert (einschließlich Faserart und -gehalt) und mit Eignungsversuchen nachgewiesen. Der Nachweis des Stahlfasergehaltes kann dabei entweder im Auswaschversuch oder alternativ durch Messung mit induktiven Verfahren erfolgen.

Der Nachweis bzw. die Klassifizierung erfolgt anhand der zentrischen Nachrisszugfestigkeit, die wiederum auf Grundlage von Biegezugversuchen mit nachfolgender Umrechnung ermittelt wird. Mit den ermittelten Werten kann ein für die Bemessung verwendbares Spannungsdehnungsdiagramm dargestellt werden (Abbildung 10).

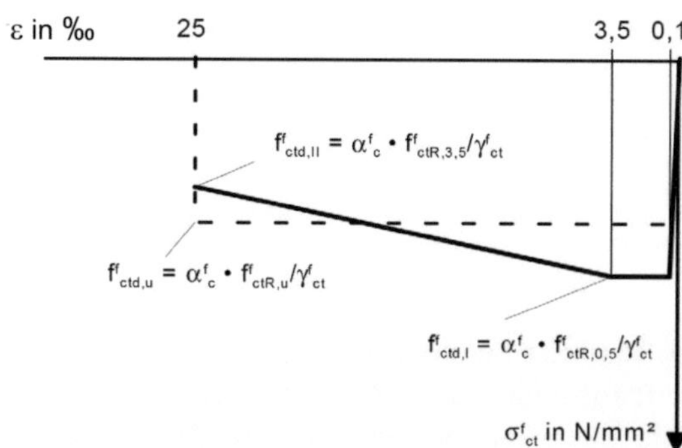


Abb. 10: Spannungs-Dehnungsdiagramm für Stahlfaserbeton bei Zugbelastung lt. Richtlinie des DAfStb [9]

Im Gegensatz zum DBV-Merkblatt werden in der Richtlinie die gleichen Dehnungsgrenzwerte wie bei Stahlbeton eingeführt, dadurch ist auch für den Fall einer Kombination mit Betonstahlbewehrung eine Ermittlung der Traglast möglich.

In Bezug auf die Berechnung der Rissbreiten beinhaltet die Richtlinie den Ansatz von Niemann [10]. Danach können durch den zusätzlichen Einsatz von Stahlfaserbeton mit praxisüblichen Leistungsklassen die Rissbreiten um 50 % verkleinert werden. Alternativ lässt sich bei vorgegebener Rissbreite die notwendige Betonstahlbewehrung halbieren.

## 5 Faserbewehrte Komposite

Neben der Anwendung von herkömmlichen Faserbetonen, die in der Regel unterkritische Fasergehalte aufweisen, werden im Betonbau intensiv weitere faserbewehrte Komposite erforscht und angewendet, die im Vergleich zu herkömmlichen Faserbetonen eine deutlich bessere Rissbeherrschung ermöglichen. Hier werden zwei neue, viel versprechende Betonarten vorgestellt: hochduktiler Beton (SHCC = Strain-Hardening Cement-based Composi-te) und textilbewehrter Beton (TRC = Textile Reinforced Concrete).

### 5.1 Hochduktiler Beton

Hochduktile Betone mit Kurzfaserbewehrung sind zementgebundene Hochleistungswerkstoffe, die unter Zugbeanspruchung eine Verfestigung aufweisen und eine im Vergleich zu gebräuchlichen Betonen mehr als 300-mal höhere Bruchdehnung besitzen (vgl. Abbildung 11). Neben einer hohen Verformungsfähigkeit und im Vergleich zu konventionellem Beton deutlich höheren Biegezug- und Schubfestigkeiten weisen hochduktile Betone bis zur Bruchdehnung von bis zu 5 % immer noch sehr geringe Rissöffnungen auf [6, 11]. Die in Abbildung 11 dargestellten Ergebnisse wurden aus Untersuchungen an einem Beton mit 2,2 Vol.-% PVA-Fasern gewonnen.

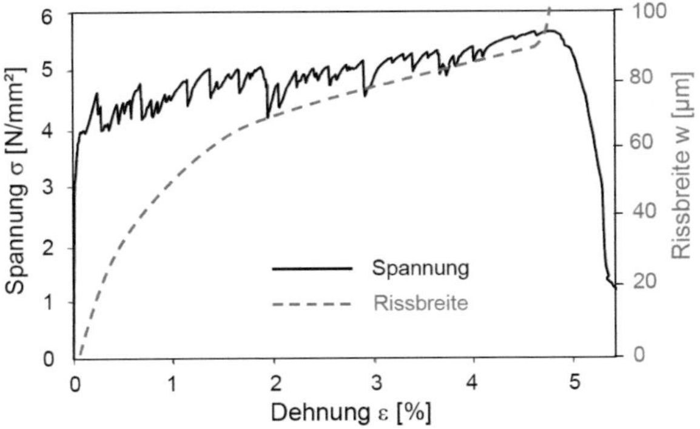


Abb. 11: Typische Spannungs-Dehnungsbeziehung von hochduktilem Beton unter Zugbeanspruchung; die gestrichelte Linie zeigt die Entwicklung der Rissbreiten

Die geringen Rissbreiten haben eine positive Auswirkung auf die Dauerhaftigkeit des Verbundwerkstoffes, insbesondere auch, wenn er in Kombination mit Stahlbewehrung verwendet wird. Die Untersuchungen an der TU Dresden ergaben, dass die Zunahme des Luftdurchflusses bzw. der kapillaren Wasseraufnahme infolge der Rissbildung wesentlich geringer ausfällt als im Falle von konventionellem Beton [12].

Das baustoffliche Konzept für hochduktilen Beton basiert auf der Berücksichtigung der mechanischen Wechselwirkungen zwischen Fasern und Matrix in der Kontaktzone [13]. Die Zusammensetzung derartiger Betone wird unter Verwendung von mikromechanischen Modellierungen entwickelt. Das hohe nicht-elastische Verformungsvermögen des Werkstoffes wird durch die Bildung einer Vielzahl von feinen, nahezu gleichmäßig verteilten Rissen herbeigeführt. Entscheidend hierfür ist die geeignete Kombination der maßgebenden Parameter: das Verhältnis Faserlänge/Faserdurchmesser, die Festigkeit des Verbundes zwischen Faser und Matrix, die Festigkeit und Steifigkeit der Fasern, die Faserverteilung und -orientierung etc. Um die Wirkungsmechanismen zu verstehen, müssen Betrachtungen auf der Mesoebene (Betrachtung der einzelnen Rissebenen) sowie auf der Mikroebene (Betrachtung der einzelnen Fasern) herangezogen werden. Zur Gewährleistung einer gleichmäßigen Faserverteilung sind hochduktile Betone grundsätzlich in einer weichen Konsistenz herzustellen.

Die Verwendung hochduktiler Betone führt zu einer deutlich höheren Tragfähigkeit und Sicherheit von Betonbauwerken bei statischer und insbesondere stoßartiger Belastung. Des Weiteren wird die Dauerhaftigkeit der Bauwerke verbessert. In hoch beanspruchten Bereichen von Stahlbetonkonstruktionen sorgen Bauelemente aus hochduktilem Beton für ein hohes Verformungsvermögen bzw. eine hohe Energieabsorption.

Abbildung 12 zeigt Schädigungsbilder von Stützen aus hochduktilem Beton (links) und Stahlbeton (rechts) unter lateraler zyklischer Belastung, wie z. B. im Falle eines Erdbebens. Während die Stahlbetonstütze größere Verformungen nicht verträgt (dies ist an massiven Betonabplatzungen zu erkennen), weist die Stütze aus hochduktilem Beton (mit Längsbewehrung aus Betonstahl, keine Bügelbewehrung) ein hohes Verformungsvermögen auf und bleibt frei von solchen Schäden. Das hohe Verformungsvermögen von hochduktilem Beton wurde vor kurzem in Japan an drei Stahlbetonhochbauten in Tokio, Yokohama und Osaka genutzt. Die Bindungsglieder aus mit Stahlstäben bewehrtem hochduktilem Beton werden zwischen schubsteifen Wandelementen platziert und wirken im Falle eines Erdbebens als Energieabsorber [14].

Als weitere mögliche Anwendungen sind Verbundkonstruktionen aus Stahl und hochduktilem Beton sowie die Herstellung von dünnwandigen Bauteilen (Fassadenelemente, Rohre, integrierte Schalungen etc.) zu nennen, bei denen eine konventionelle Bewehrung wenig wirksam und gegen Korrosion nicht hinreichend geschützt ist [6]. Außerdem ist der Einsatz hochduktiler Betone für die Instandsetzung bzw. Verstärkung von Bauwerken vielversprechend. Derzeit wird am Institut für Baustoffe der TU Dresden ein hochduktiler Spritzbeton als Verstärkungsmaterial für Mauerwerk entwickelt und erprobt [11]. Die ersten Ergebnisse zeigen eine sehr deutliche Zunahme der Schubfestigkeit, des Verformungsvermögens und der Bruchenergie als Folge der Verstärkung mit einer 10 mm dicken Schicht aus hochduktilem Beton.

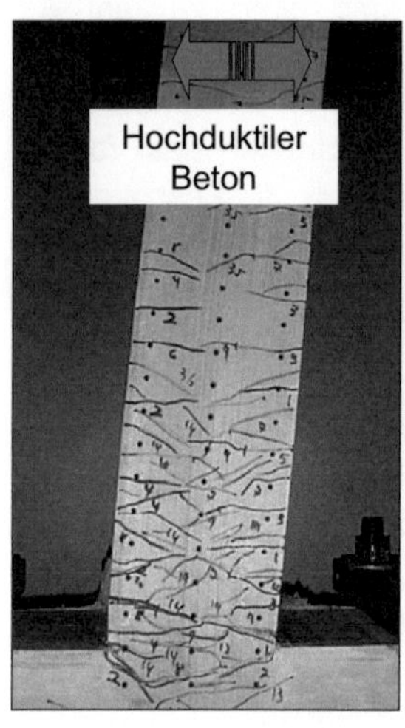

Abb. 12: Schädigung von Stützen aus hochduktilem Beton (links) und Stahlbeton (rechts) unter lateraler zyklischer Belastung [14]

### 5.2 Textilbewehrter Beton

Textilbewehrter Beton (TRC) ist ein Baustoff, bei dem textile Gelege aus leistungsfähigen Multifilamentgarnen aus Glas-, Kunststoff- oder Kohlefasern in eine feinkörnige zementgebundene Betonmatrix eingebettet werden. Durch moderne Verfahren der textilen Flächenbildung können Position, Querschnitt und Orientierung der rissüberbrückenden Multifilamentgarne in den textilverstärkten Bauteilen hinsichtlich der zu erwartenden Beanspruchungen auf das Bauteil angepasst werden (Abbildung 13). Durch die Positionierung und Orientierung der Bewehrungsfasern kann im Vergleich zu herkömmlichem Glasfaserbetonen mit Kurzfasern bei vergleichbarer Leistungsfähigkeit der Faservolumenanteil um bis zu 80 % verringert bzw. bei gleichen Bewehrungsgehalten eine mehrfache Steigerung der Festigkeit und Duktilität des Faserverbundwerkstoffes erreicht werden.

Wesentliche Eigenschaften von TRC sind seine hohe Zugfestigkeit und ein ausgeprägt duktiles Verhalten. Abbildung 14 zeigt eine typische Spannungs-Dehnungs-Kurve von TRC-Proben bei monotoner, quasistatischer Zugbelastung. Die mechanischen Eigenschaften von TRC ermöglichen dessen Anwendung sowohl beim Neubau von leistungsfähigen, dünnwandigen Strukturen als auch bei der Verstärkung und Instandsetzung von vorhandenen Bauteilen aus Stahlbeton oder anderen mineralischen Materialien [15, 16].

Abb. 13: Multiaxiales Bewehrungstextil aus AR-Glas

Die zur Anwendung kommenden Feinbetone sind durch hohe Bindemittelgehalte (40 bis 50 Vol.-%) bei typischen, niedrigen Wasser-Bindemittel-Werten von ca. 0,3 gekennzeichnet. Der hohe Bindemittelgehalt ist notwendig, um den Verbund zwischen dem Feinbeton und den Filamenten der textilen Bewehrung sowie gute Verarbeitbarkeit des Frischbetons sicherzustellen. Das Größtkorn der Gesteinskörnung wird durch die Maschenweite der textilen Bewehrung, den minimalen Abstand der Bewehrungslagen und die Bauteildicke bestimmt und beträgt i. d. R. 1 bis 2 mm.

Bei der Herstellung textilbewehrter Betonelemente oder Verstärkungsschichten kann die Konsistenz des Betons für unterschiedliche Verfahren wie Laminieren, Niederdruckspritzen, Gießen, Injizieren bzw. für eine Kombination dieser Verfahren eingestellt werden. Eine vielversprechende Variante stellt die Kombination der textilen Bewehrung mit einer zusätzlichen Kurzfaserbewehrung dar. Abbildung 14 verdeutlicht die Steigerung der Erstrissspannung und der Zugfestigkeit des Textilbetons durch die Kurzfaserzugabe.

Das Leistungsvermögen und die Dauerhaftigkeitseigenschaften des textilbewehrten Betons werden wesentlich vom Verbund zwischen der textilen Bewehrung aus Multifilamentgarnen und dem Feinbeton bestimmt. Hierbei kommt dem Interface zwischen den einzelnen Filamenten eines Rovings und der umhüllenden, zementgebundenen Matrix besondere Bedeutung zu [17, 18].

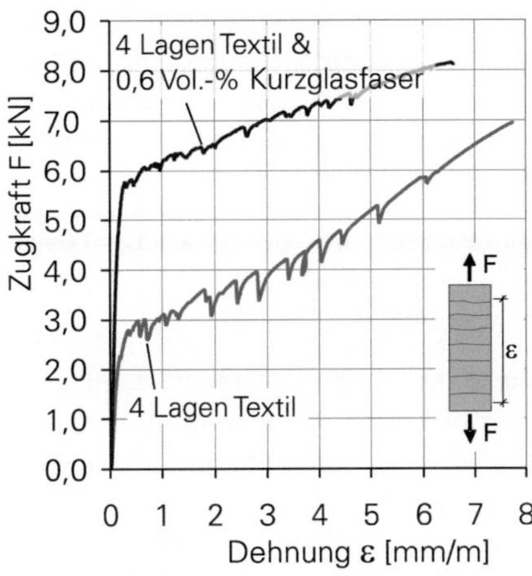


Abb. 14: Zugkraft-Verformungskurven von TRC mit Gelegen aus AR-Glas mit und ohne Kurzfaserzugabe

Aus textilbewehrtem Beton können dünne Fassadenelemente, mitragende, bauteilintegrierte Schalungen, Tunnelauskleidungen und viele andere Bauelemente hergestellt werden, die gleichzeitig ein geringes Gewicht und eine hohe Kraftaufnahmekapazität aufweisen. Zum Beispiel wurde am Institut für Baustoffe der TU Dresden im Projekt „Entwicklung einer großformatigen dünnwandigen, textilbewehrten Brüstungsplatte mit hoher Sichtflächenqualität einschließlich Herstellungstechnologie“ ein Prototyp verwirklicht, der für die Nutzungsbedingungen in Parkhäusern geeignet ist. Dabei konnte das Gewicht der Elemente gegenüber der konventionellen Stahlbetonbauweise um zwei Drittel reduziert werden. Bei Anwendung von Leichtbeton kann das Gewicht sogar auf 1/5 gesenkt werden. Das Beispielelement (2,5 m x 1,5 m) besitzt einen umlaufenden Rahmen sowie zwei horizontale Rippen mit jeweils 100 mm Breite und 50 mm Dicke (Abbildung 15). Damit wird die Steifigkeit sichergestellt und die Aufnahme der Befestigungselemente im Bereich der Geschoßdecken ermöglicht. Der Spiegel der Platte weist eine Dicke von 2 cm auf, einschließlich einer feinkörnigen Vorsatzschicht.

Ein weiteres Beispiel für Anwendungen von TRC im Fertigteilsektor sind leichte Segmentbrücken aus textilbewehrtem Beton, die mit einer Spannweite von 9 m bzw. 18 m bereits hergestellt wurden [19]. Dazu wurden U-förmige Fertigteile aus Textilbeton durch Vorspannung ohne Verbund im Werk zu einer Brücke zusammengefügt, die mit einem LKW zur Baustelle gebracht und mit einem Kran eingehoben wurde.

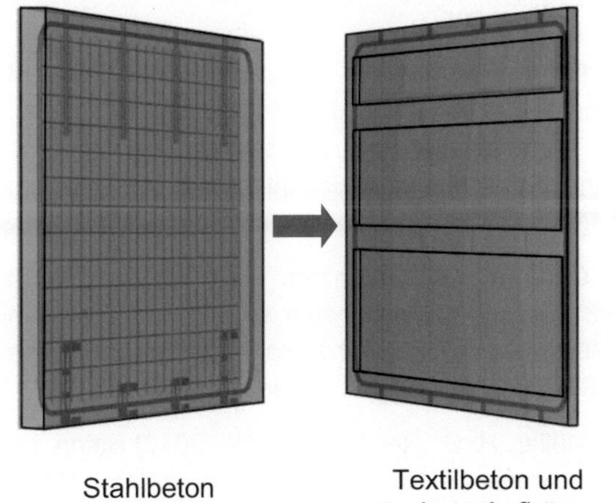


Abb. 15: Entwicklung eines dünnwandigen Fassadenelementes aus textilbewehrtem Beton

Des Weiteren eignet sich textilbewehrter Beton für die Verstärkung und Instandsetzung von bestehenden Stahlbetonbauwerken. Maßgebende Untersuchungen in diesem Bereich erfolgen seit etwa zehn Jahren an der TU Dresden im Rahmen des von der Deutschen Forschungsgemeinschaft finanzierten Sonderforschungsbereichs 528 "Textile Bewehrungen zur bautechnischen Verstärkung und Instandsetzung“. Die Ergebnisse dieser Arbeit führten bereits zu ersten praktischen Anwendungen, wie z. B. der Verstärkung eines Hyparschalentragwerks in Schweinfurt ([20], Abbildung 16). In einem laufenden Projekt wird die Schutzwirkung durch Textilbetonschichten bei bautechnischen Instandsetzungen und Verstärkungen von Beton- und Stahlbetonbauwerken unter Berücksichtigung diverser betriebsbedingter Expositionen untersucht. Die ersten Ergebnisse zeigen, dass die dichte Matrix des textilbewehrten Betons und geringe Rissbreiten zu einer günstigen Auswirkung auf die Beschränkung des Transportes von flüssigen und gasförmigen Schaden auslösenden Medien in und durch die textile Verstärkungsschicht führen [21].

Abb. 16: Auflegen einer Lage textiler Bewehrung aus Kohlefaser auf eine frische, gesprühte Mörtelschicht

## 6 Literatur


[1] Fischer, G. (2005) Structural Applications of Engineered Cementitious Composites (ECC). In: Ultra-ductile concrete with short fibres: Development, Testing, Applications, V. Mechtcherine (ed.), ibidem Verlag, pp. 121-133.

[2] Curbach, M., Reinhardt, H.-W. et al. (Hrsg.) (1998) Sachstandbericht zum Einsatz von Textilien im Massivbau. Deutscher Ausschuss für Stahlbeton (DAfStb), Heft 488, Beuth Verlag, Berlin.

[3] Müller, H. S., Reinhardt, H.-W. (2010) Beton. In: Betonkalender 2010, Ernst & Sohn Verlag, Berlin, 2010, Band 1, pp. 293-436.

[4] David, A. F., Naaman, A. E. (1985) Stress-Strain Properties of Fibre Reinforced Mortar in Compression. ACI Journal, pp. 475-483.

[5] Bonzel, J., Schmidt. M. (1985) Verteilung und Orientierung von Stahlfasern im Beton und ihr Einfluss auf die Eingenschaften von Stahlfaserbeton. Betontechnische Berichte 1984/85.

[6] Mechtcherine, V. (Ed.) (2005) Ultra-ductile concrete with short fibres: Development, Testing, Applications. ibidem-Verlag, Stuttgart.

[7] Lin. Y. (1996) Tragverhalten von Stahlfaserbeton. Schriftenreihe des Instituts für Massivbau und Baustofftechnologie, Universität Karlsruhe, Heft 28.

[8] DBV-Merkblatt Stahlfaserbeton (2001) Fassung Oktober 2001, Deutscher Beton- und Bautechnik – Verein E.V. Berlin.

[9] Deutscher Ausschuss für Stahlbeton (DAfStb) (2008) Richtlinie Stahlfaserbeton – Entwurfstand 2008-07-10

[10] Niemann, P. (2004) Gebrauchsverhalten von Bodenplatten aus Beton unter Einwirkungen infolge Last und Zwang. Dissertation an der TU Braunschweig, Heft 545 des DAfStb.

[11] Mechtcherine, V. (2009) Hochduktiler Beton mit Kurzfaserbewehrung. Beton, Heft 3, pp. 80-86.

[12] Mechtcherine, V., Lieboldt, M., Altmann, F. (2007) Preliminary tests on air-permeability and water absorption of cracked and uncracked strain hardening cement-based composites. Proc. of the International RILEM Workshop on Transport Mechanisms in Cracked Concrete, K. Audenaert, L. Marsavina, G. De Schutter (eds.), Ghent, Belgium, pp. 55-66.

[13] Mechtcherine, V., Schulze, J. (2005) Ultra-ductile concrete – material design concept and testing. CPI Concrete Plant International, No. 5, pp. 88-98.

[14] Li, V. C., Lepech, M. (2005) Engineered Cementitious Composites: Design, Performance and Applications. In: Ultra-ductile concrete with short fibres: Development, Testing, Applications, V. Mechtcherine (ed.), ibidem Verlag, pp. 99-120.

[15] Brameshuber, W. (Ed.) (2006) Textile Reinforced Concrete. State-of-the-Art Report RILEM Technical Commitee 201-TRC.

[16] Lieboldt, M., Butler, M., Mechtcherine, V. (2008) Application of Textile Reinforced Concrete (TRC) in Prefabrication. In: Seventh International RILEM Symposium on Fibre Reinforced Concrete: Design and Applications, R. Gettu (ed.), RILEM Publications S.A.R.L., pp. 253-262.

[17] Butler, M., Mechtcherine, V. M., Hempel, S. (2009) Auswirkung der Matrixzusammensetzung auf die Dauerhaftigkeit von Betonen mit textilen Bewehrungen aus AR-Glas. Beton und Stahlbetonbau, 104, Heft 8, pp. 485-495.

[18] Butler, M., Mechtcherine, V. & Hempel, S. (2009) Experimental investigations on the durability of fibre–matrix interfaces in textile-reinforced concrete. Cement & Concrete Composites 31, pp. 221-231.

[19] Curbach, M., Hauptenbuchner, B., Ortlepp, R., Weiland, S. (2007) Textilbewehrter Beton zur Verstärkung eines Hyparschalentragwerks in Schweinfurt. Beton- und Stahlbetonbau, 102, Heft 6, pp. 353-361.

[20] Curbach, M., Graf, W., Jesse, D., Sickert, J.-U., Weiland, S. (2007) Segmentbrücke aus textilbewehrtem Beton - Konstruktion, Fertigung, numerische Berechnung. In: Beton- und Stahlbetonbau, 102, Heft 6, pp. 342-352.

[21] Lieboldt, M., Barhum, R., Mechtcherine, V. (2009) Effect of cracking on transport of water and gases in Textile Reinforced Concrete. Creep, Shrinkage and Durability Mechanics of Concrete and Concrete Structures – CONCREEP-8, T. Tanabe et al. (eds.), Taylor & Francis Group, London, pp. 199-205.

# Programm des Symposiums

**23. März 2010, Großer Hörsaal Bauingenieurwesen, Karlsruher Institut für Technologie**

9.00 Uhr **Anmeldung/Kaffee**

9.30 Uhr **Begrüßung/Grußworte**
Prof. Dr. Detlef Löhe
Vizepräsiden des Karlsruher Instituts für Technologie (KIT)
Ulrich Nolting, Geschäftsführer BetonMarketing Süd GmbH, Ostfildern

## Ursachen und Vermeidung

9.50 Uhr **Rissursachen und betontechnologische Möglichkeiten der Rissbeherrschung**
Prof. Dr.-Ing. Harald S. Müller
Dr.-Ing. Michael Haist
Karlsruher Institut für Technologie

10.20 Uhr **Hygrisch bedingte Risse**
Prof. Dr.-Ing. Rolf Breitenbücher
Universität Bochum

10.50 Uhr Kaffeepause

11.20 Uhr **Thermisch bedingte Risse**
Dr.-Ing. Lutz Nietner
Bilfinger Berger AG, Leipzig

11.50 Uhr **Statisch und dynamisch bedingte Risse**
Prof. Dr.-Ing. Jürgen Schnell,
Universität Kaiserslautern

12.20 Uhr Mittagspause

## Bewertung und Instandsetzung

13.50 Uhr **Risse – Erkennen, Einordnen und Untersuchen**
Dr.-Ing. Martin Günter,
Dr.-Ing. Cornelius Ruckenbrod,
SMP Ingenieure im Bauwesen, Karlsruhe

14.20 Uhr **Risse in Betonbauten – Risikobewertung aus technischer Sicht**
Dr.-Ing. Frank Fingerloos,
Deutscher Beton- und Bautechnik-Verein E. V.

14.50 Uhr **Rissfreie Architektur**
Dr.-Ing. Diethelm Bosold,
Betonmarketing Süd GmbH, Ostfildern

15.15 Uhr Kaffeepause

15.45 Uhr **Instandsetzung von Rissen**
Dr.-Ing. Claus Flohrer
Hochtief AG, Frankfurt

16.15 Uhr **Rissbeherrschung durch Faserbewehrung**
Prof. Dr.-Ing. Viktor Mechtcherine,
TU Dresden

16.45 Uhr **Schlusswort**
Prof. Dr.-Ing. Harald S. Müller
Karlsruher Institut für Technologie (KIT)
Ulrich Nolting
BetonMarketing Süd GmbH, Ostfildern

Umtrunk / Imbiss

# Referenten- / Autorenverzeichnis

7. Symposium Baustoffe und Bauwerkserhaltung „Beherrschung von Rissen in Beton"

**Dr.-Ing. Diethelm Bosold**
Betonmarketing Süd GmbH, Gerhard-Koch-Str. 2+4, 73760 Ostfildern

**Prof. Dr.-Ing. Rolf Breitenbücher**
Lehrstuhl für Baustofftechnik, Ruhr-Universität Bochum, Universitätsstr. 150,
Gebäude IA 5/126, 44801 Bochum

**Dr.-Ing. Frank Fingerloos**
Deutscher Beton- und Bautechnik-Verein E. V., Kurfürstenstr. 129, 10785 Berlin

**Prof. Dr.-Ing. Claus Flohrer**
HOCHTIEF Consult Materials, Farmstr. 91-97, 64546 Mörfelden-Walldorf

**Dr.-Ing. Martin Günter**
SMP – Ingenieure im Bauwesen GmbH, Stephanienstr. 102, 76132 Karlsruhe

**Dr.-Ing. Michael Haist**
Institut für Massivbau und Baustofftechnologie, Karlsruher Institut für Technologie (KIT),
Kaiserstraße 12, 76128 Karlsruhe

**Prof. Dr.-Ing. Viktor Mechtcherine**
Institut für Baustoffe, TU Dresden, 01062 Dresden

**Prof. Dr.-Ing. Harald S. Müller**
Institut für Massivbau und Baustofftechnologie, Karlsruher Institut für Technologie (KIT),
Kaiserstraße 12, 76128 Karlsruhe

**Dr.-Ing. Lutz Nietner**
Bilfinger Berger AG, Zentrales Labor für Baustofftechnik, Martin-Luther-Ring 13, 04109 Leipzig

**Dr.-Ing. Cornelius Ruckenbrod**
SMP – Ingenieure im Bauwesen GmbH, Stephanienstr. 102, 76132 Karlsruhe

**Prof. Dr.-Ing. Jürgen Schnell**
Fachgebiet Massivbau und Konstruktion, Technische Universität Kaiserslautern,
Paul-Ehrlich-Straße, Geb. 14, 67663 Kaiserslautern

**Dipl.-Ing. Bou-Young Youn**
Lehrstuhl für Baustofftechnik, Ruhr-Universität Bochum, Universitätsstr. 150,
Gebäude IA 5/126, 44801 Bochum

# Symposium Baustoffe und Bauwerkserhaltung

## Themen vergangener Symposien (2004-2009)

1. Symposium Baustoffe und Bauwerkserhaltung
**Instandsetzung bedeutsamer Betonbauten der Moderne in Deutschland**
Hrsg. H. S. Müller, U. Nolting, M. Vogel, M. Haist
ISBN 978-86644-098-2

2. Symposium Baustoffe und Bauwerkserhaltung
**Sichtbeton – Planen, Herstellen, Beurteilen**
Hrsg. H. S. Müller, U. Nolting, M. Haist
ISBN 3-937300-43-0

3. Symposium Baustoffe und Bauwerkserhaltung
**Innovationen in der Betonbautechnik**
Hrsg. H. S. Müller, U. Nolting, M. Haist
ISBN 3-86644-008-1

4. Symposium Baustoffe und Bauwerkserhaltung
**Industrieböden aus Beton**
Hrsg. H. S. Müller, U. Nolting, M. Haist
ISBN 978-3-86644-120-0

5. Symposium Baustoffe und Bauwerkserhaltung
**Betonbauwerke im Untergrund – Infrastruktur für die Zukunft**
Hrsg. H. S. Müller, U. Nolting, M. Haist
ISBN 978-3-86644-214-6

6. Symposium Baustoffe und Bauwerkserhaltung
**Dauerhafter Beton – Grundlagen, Planung und Ausführung bei Frost- und Frost-Taumittel-Beanspruchung**
Hrsg. H. S. Müller, U. Nolting, M. Haist
ISBN 978-3-86644-341-9

alle Bände erhältlich bei:
**KIT Scientific Publishing (http://www.uvka.de) oder im Buchhandel**